海洋学の教科書

林　美鶴　著

成山堂書店

は し が き

この度はたいへんおこがましくも、「海洋学の教科書」というタイトルで本書を上梓しました。「海洋学の教科書」というタイトルですが、海洋学の全分野を網羅しているわけではありません。学部の教養～基礎専門程度の講義を想定して、あらゆる海洋現象の基礎となる海水部分の基本的な物理過程を中心に説明しました。固体地球や大気運動は、それら物理過程を理解するために必要な範囲で説明しています。また、筆者が所属する神戸大学海洋政策科学部では、海事・海洋について理学・工学・社会科学の面から多角的に学ぶため、人間活動と密接に関わる沿岸海洋や、船舶運航に重要な海面過程も念頭に置きました。海洋化学や海洋生物、海底面や陸面との境界過程については、ほとんど触れていませんので、ご了承ください。

コラムではマリンハザードを取り上げました。海洋国家であり、多様な災害が頻発する日本では、さまざまなマリンハザードが起こっています。津波や台風のように突発的に大災害を引き起こす事象だけでなく、日常的に起こる海難や赤潮もマリンハザードの一種です。また、海底火山噴火で噴出した軽石、海洋投棄されたプラスティックのマイクロプラスティックス化など、新たに顕在化するマリンハザードも多くあります。マリンハザードが引き起こす災害や影響について考える時にも、物理過程が基礎となります。

大学時代は航海士教育を受け、海洋研究開発機構(JAMSTEC)の観測船で観測技術員として働き、大学に着任してから沿岸海洋学を学び始めました。この間、海洋波浪を専門とする井上篤次郎先生(元神戸商船大学学長)、大気海洋相互作用を専門とする石田廣史先生(元神戸大学副学長)、沿岸海洋学を専門とする柳哲雄先生(元九州大学応用力学研究所所長)にご指導を賜りながら研究を続けてきました。また、観測技術員時代に得た経験と知識は、私の基盤を成しています。私のこのような経歴により、本書は構成されています。

上梓にあたり、これまで私に関わってくださった全ての皆様に感謝申し上げ

ます。当初の予定から2年遅れでの出版となり、成山堂書店様には大変ご迷惑をおかけしました。特に、板垣洋介氏、小野哲史氏には忍耐強くお待ちいただき、心よりお礼申し上げます。また、本書を手に取ってくださった皆様にお礼申し上げます。皆様の海洋への理解が進むことを願っています。

2024年4月

林　美鶴

目　　次

凡　　例

　以下の記号や定数などは、全ての章で共通して使用します。これ以外の記号は、その時々に意味を示します。例えばTは温度を表したり、時間を表したりと意味が変わります。注意してください。

＜図中の記号＞

$\otimes$ ：紙面の手前から紙面方向へ向かう運動

○ ：紙面から手前方向へ向かう運動

▽ ：海面

／／／／ ：海底や陸

＜共通に使用する定数、記号、換算式など＞

地球　　質量：5.972×10^{24} kg　　　　重力加速度：$g = 9.8$ m s^{-2}

　　　　赤道半径：約6,378 km　　　　極半径：約6,357 km

　　　　赤道距離：約4.01×10^4 km　　表面積：約510×10^6 km^2

　　　　体積：約1.08×10^{12} km^3

絶対温度：(K) = (℃) + 273.2

熱、仕事量、力、圧力の単位換算：

　　1 cal = 4.19 J　　　W = J s^{-1}　　　N = kg m s^{-2}　　　Pa = N m^{-2} = kg m^{-1} s^{-2}

　　1 dbar = 10^4 Pa

万有引力定数：$G = 6.6743 \times 10^{-11}$ N m^2 kg^{-2}

地球の回転角速度：$\Omega = 2\pi$ rad day^{-1} = 7.3×10^{-5} rad s^{-2}

コリオリのパラメータ：$f = 2\Omega \sin\phi$ s^{-1}

第1章　地球科学

1－1　海洋の誕生

　宇宙は約150億年前に**ビッグバン**と呼ばれる大爆発で誕生し、以下の過程を経て海洋が誕生したと考えられています。ビッグバン直後は極めて高温でしたが、宇宙の膨張により温度が低下したことで、爆発によりばらまかれた素粒子が結合し、原子、微粒子、微惑星へと成長しました。質量が大きくなることで引力も大きくなり、微惑星の結合が促進されて約46億年前に原始の太陽や地球などの惑星が形成されました。微惑星の衝突や結合よる熱と、原始大気の主成分である水蒸気や二酸化炭素(CO_2)による温室効果(1-4)で、地球表面は1,500 ℃に達しました。このため地表面が溶けて、マグマオーシャンが形成されました。その後地球の内部は次の過程を経て、図1-1に示す現在のような層状になりました。マグマオーシャンの中で密度が大きな鉄などの重金属は沈降して中心部に集まり**核（コア）**を形成し、その中でも固相の**内核**、液相の**外核**に分かれました。より軽い物質は核の外側で**マントル**を形成しました。微惑星の衝突が減少すると地球の表面温度は低下し、マントルは固相の**下部マントル**と、液相の**上部マントル**に分離され、上部マントルの表面が固まり**地殻**が形成されました。気温の低下が進み、大気中の水蒸気が凝結して雨が降ることで、大気中の水蒸気とCO_2が減少して温室効果が弱まりました。これにより地球の表面温度は急速に低下し、大量の降雨によって約40億年前に原始海洋が形成されました。この時の大気には微惑星の衝突や地表面からの噴出により塩酸や硫酸が含まれていたため、降雨は酸性雨でした。このため原始海洋は**水素イオン指数（pH）**が3 〜 4の強い酸性でした。その後、地表面から溶解したナトリウムやカルシウムなどで中和され、約30億年前に現在の海洋と同じpH = 8.2 〜 8.3の弱アルカリ性になりました。

　海中は、紫外線から守られることや温度変化が小さいといった環境条件によ

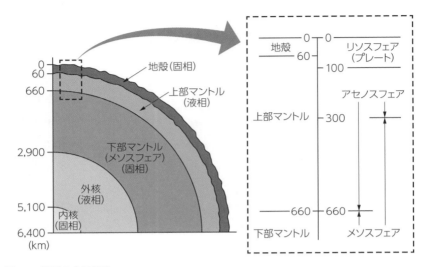

図1-1　地球の内部構造
厚みは場所により異なり、最大値で示している。アセノスフェアを、リソスフェアを除く上部マントルとする場合と、流動性がある層までとする場合とがある。前者の場合はメソスフェア＝下部マントルであり、後者では上部マントルの下層はメソスフェアに含まれる。

り、大気中や陸上よりも細胞の形成に有利でした。そのため約35億年前まで
に海中で原始細胞が誕生しました。約27億年前には、海洋中に原核生物のシ
アノバクテリア(藍藻)が誕生しました。この生物は光合成を行うので、CO_2を
吸収して酸素を生成し、大気中酸素濃度が上昇しました。酸素は紫外線により
分解されますが、再び酸素分子と結合してオゾンを生成します。形成された**オ
ゾン層**が紫外線を吸収することで、陸上でも細胞が生まれ、約 4 億年前に陸上
植物が繁殖しました。

　地球と似た生命が存在できる領域を**ハビタブルゾーン**、**生命居住可能領域**、
生存可能圏などと呼びます。生命が存在するためには水が必要で、水分が水と
して天体表面に安定に存在するには、天体の表面温度が0 〜 100 ℃にある必
要があります。温度が低く氷結すると、氷はアルベド(1-4)が大きい性質を持っ
ており、短波放射(1-4)の吸収が少ないため、寒冷化が加速されます。温度が
高いと水分は蒸発し、温室効果が強化されるため高温化が加速します。太陽系

のハビタブルゾーンは、太陽から0.97−1.39 auと考えられています(日本天文学会)。1 au ＝ 149,597,870,700 mで、地球−太陽間の平均距離に由来する単位です。月−太陽間の距離は地球−太陽間と概ね同じですが、月の表面の重力は地球の約1/6で、**脱出速度**(重力から逃れて宇宙空間へ出るための最低速度で、地球は約11.12 km s^{-1})も地球の約1/5です。このため月では水蒸気が宇宙空間へ逃げ、水分を維持できなかったと考えられます。重力加速度g(m s^{-2})と脱出速度v(km s^{-1})は次式で求められます。

$$g = \frac{GM}{r^2} \tag{1-1}$$

$$v = \sqrt{\frac{2GM}{r}} \tag{1-2}$$

ここで、Gは万有引力定数(＝ 6.6743 × 10^{-11}m^{3}kg^{-1}s^{-2})、Mは質量(kg)、rは天体の半径(m)です。月の質量は地球の約0.0123倍で、半径は約0.2727倍です。

1−2　プレートテクトニクスと海底地形

　現在の地球の内部(図1-1)は、地殻、上部マントル、下部マントル(**メソスフェア**)、外核、内核に分かれています。上部マントルの上層は粘性が大きく、地殻からここまでの層を**リソスフェア**と呼び、これが**プレート**です。その下の上部マントルは粘性が小さく、ここを**アセノスフェア**と呼びます。プレートは複数枚に分かれており、それらの相対運動や、それにより起こる変動の理論を**プレートテクトニクス**と呼びます。図1-2に示す通り、マントルは対流しており、アセノスフェアは対流の最上部にあたります。マントルが上昇しているプレート境界では、隆起物が冷却されて新たな海底となり**海嶺**が形成されます。海嶺の両側にあるプレートは、海嶺の両側に拡大するように動きます。プレートは動きながら冷却されて、厚みを増し、重くなり、別のプレートとぶつかって下に潜り込み**海溝**を形成します。海溝はマントル対流の沈降域でもあり、プレートはマントル対流に乗って動いているとも考えられます。プレートの運動速度

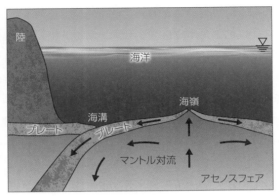

図1-2　プレートテクトニクス

は、年cm程度です。

　プレートは図1-3のように分布しており、プレート境界の位置は図1-4の海底
地形と対応しています。プレート境界は大きく分けて3種類あります。海嶺で
見られる境界は、プレートが互いに離れる**拡大型**、**発散型**などと呼ばれ、水深

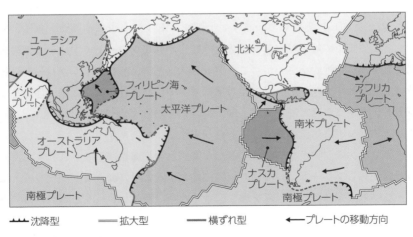

図1-3　プレート分布

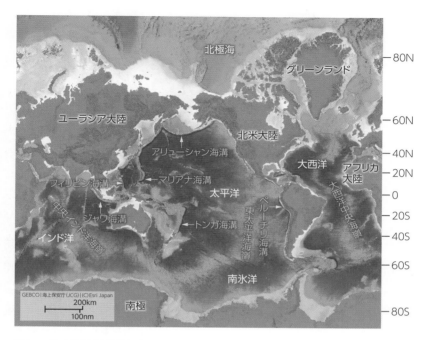

図1-4　海底地形（海洋状況表示システム（海上保安庁）に加筆）
　白いほど水深が浅く、白い海域は200 m以下。青が濃いほど水深が深く、濃い青は
　5,000 m以上。灰色は陸上で、色が濃いほど標高が高い。メルカトル図法のため、南
　北間の面積について定量的な比較はできない。

は比較的浅いです。海溝で見られる境界は、プレートが互いに近づく**沈降型**、
収束型などと呼ばれ、水深は深いです。プレートが互いにすれ違うように動く
境界は、**トランスフォーム型**、**横ずれ型**などと呼ばれます。大西洋においては、
北米プレートと南米プレートが西方向に、ユーラシアプレートとアフリカプ
レートが東方向に動くことで拡大型プレート境界が形成され、大西洋を南北に
貫く**大西洋中央海嶺**が形成されています。太平洋においては、太平洋プレート
が北西方向に動いてユーラシアプレートやフィリピンプレートとの間で沈降型
プレート境界を形成し、多数の海溝やトラフが形成されています。図1-5の通り、
日本列島は北米プレートとユーラシアプレートとの上に位置し、これらの下に

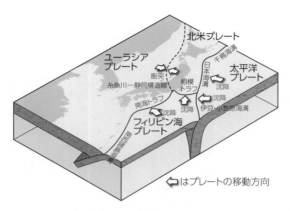

図1-5　日本周辺のプレートと海溝（防災白書（内閣府）に加筆）

　太平洋プレートとフィリピン海プレートとが沈み込んでいます。プレートの境
界に千島海溝、日本海溝、伊豆・小笠原海溝、相模トラフ、南海トラフ、南西
諸島海溝が形成されています。これらは図1-6に示す日本周辺の海底地形によ
く現れています。太平洋プレートはフィリピン海プレートの下にも沈み込んで
おり、相模トラフでは北米プレートの下にフィリピン海プレートが、その下に
太平洋プレートが沈み込んでいます。ユーラシアプレートと北米プレートは衝
突して押し合っている状態で、日本列島を縦断するこの境界を糸魚川－静岡構
造線と呼びます。

　　深海に広がる海底を**深海底**と呼び、陸地から深海底の間は概ね図1-7のよう
に変化します。陸地から緩やかに傾斜した水深200 m程度までの海底を**大陸棚**
と呼びます。大陸棚から急激に深くなり、傾斜が大きい海底を**大陸斜面**と呼び
ます。大陸斜面から土砂がなだれ落ちて、デルタのように広がる海底は**海底扇
状地**と呼びます。一方、大陸斜面から堆積物が落下して、あるいは緩やかに堆
積して、深海底から緩やかに立ち上がる海底を**コンチネンタル・ライズ**と呼び
ます。図1-4や図1-6において白色系で示された広い海域が大陸棚で、海洋学で
は、このような比較的水深が浅く、陸域の影響を受ける海域を**沿岸**と呼びます。
日本周辺では大陸棚は狭く、深海底に至る海域まで陸域の影響を受ける場合が

図1-6　日本周辺の海底地形（海洋状況表示システム（海上保安庁）に加筆）

あります。国際法では、水深の基準である基本水準面(3-2)での海岸線を基線として、大陸斜面脚部＋aまでを大陸棚と定義しています。aは距離や堆積物の厚みなどで定義されます。深海底は**深海平原**、**海盆**、**海台**のように平らな地形ばかりではなく、海溝、**海淵**、**トラフ**、**海底谷**などと呼ばれる深く切れ込んだ溝、隆起が連なった**海底山脈**や海嶺、孤立した隆起である**海山**、**ギョー**、**深海丘**など、起伏に富んださまざまな地形が存在します。

1－3　海洋の諸元

　地球は、自転による遠心力により赤道付近が膨らんだ回転楕円体です。地球内部には密度偏差があり、図1-8(a)のように密度が大きい方向に重力が収束して、等ポテンシャル面（重力による位置エネルギーが等しい面）は高くなりま

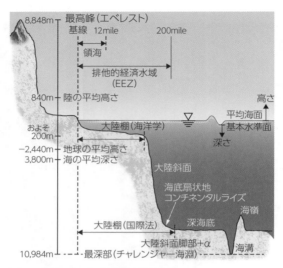

図1-7　陸からの水深変化と関連項目

す。この、重力と垂直の方向の面をつなぎ合わせたのが**ジオイド面**であり、平均海面(3-2)を延長した面です。このようにジオイド面には凹凸があり、日本を中心とする半球では図1-8(b)のように分布しています。日本から東南アジアにかけて高く、中国内陸部からインド洋、東太平洋で低くなっています。全球的な最大高低差は200 m程度ですが、局所的には平面として扱えます。地球の形状をジオイドに近い楕円体と定義したのが、**地球楕円体、準拠楕円体**です。定義方法や定義された基準を測地系と呼びます。日本はITRF(国際地球基準座標系)、GRS80楕円体を採用しています。GPSの測地系はWGS84座標系ですが、実質上差はありません。

　測地系を定めることで、図1-9の通り地球の緒元を決定することができます。楕円体の赤道半径をa、極半径をbと置くと、地球の扁平率は$(a\text{-}b)/a$で求められ、約1 / 300です。地球の半径が定義されれば、赤道の距離、表面積、体積が求められます。地球上での位置は、南北方向を**緯度**、東西方向を**経度**の座標で表します。緯度1分は1 nm(nautical mile、**海里**)ですが、緯度によってkm換算の

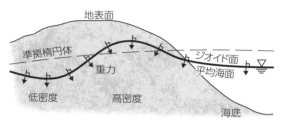

(a) ジオイド面

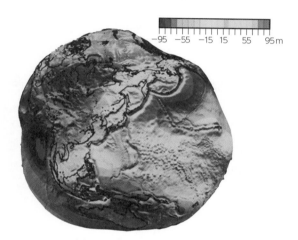

(b) ジオイド高分布（国土地理院）
水平距離に対し鉛直距離を1万倍に誇張。

図1-8　ジオイド
　ジオイド面の高さは、陸か海かによらない。地球全体を
海と考え、重力で水位が決まる時、重力の等位面であり、
平均海面である。

距離は異なります。国際的には子午線1分の平均値から1 nm = 1,852 mと定義
されています。子午線とは、赤道と垂直な南北両極を結ぶ線です。航海学では
1 nm = 10ケーブルも使用します。mileに対応する速度の単位はknotで、
1 knot = 1 nm h^{-1}です。流速や風速はm s^{-1}で表されることも多く、1 knot =
約0.5 m s^{-1}です。

　平均海面は海域毎に異なり、**東京湾平均海面**(TP；Tokyo Peil)を日本の標高

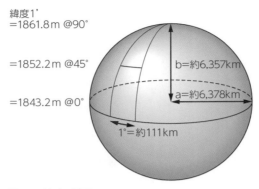

緯度1'
=1861.8m @90°

=1852.2m @45°

=1843.2m @0°

b=約6,357km

a=約6,378km

1°=約111km

図1-9　地球の諸元

の基準としています。平均海面(3-2)はジオイド面と一致し、海域毎に異なります。水深の基準は基本水準面(3-2)で、これも海域により異なり、その海域で潮位が概ね最低になる海面を基準にしています。標高と水深の基準には、潮汐振幅分の差があります。平均海面での海岸線を基線として、12 nmまでが**領海**、200 nmまでが**排他的経済水域 (EEZ)** です。海洋の最深部深度は、陸地の最高峰高度よりも大きく、また平均値も海洋は陸地の4倍以上あります。地球

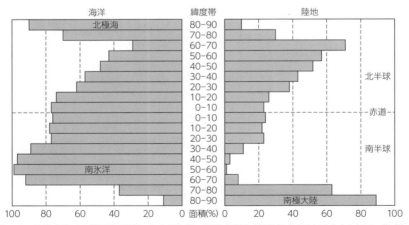

図1-10　各緯度帯での地球表面積に占める海洋・陸地の割合(理科年表(国立天文台)を元に作成)

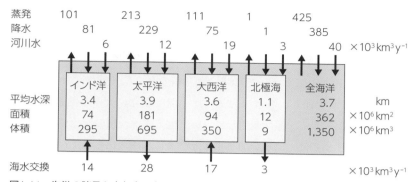

図1-11　海洋の諸元と水収支の海域間比較（理科年表（国立天文台）を元に作成）
面積・体積の海域合計と全海洋の面積・体積との差は、端数によるもの。平均水深と面積の積と体積とは、必ずしも一致しない。海域の水収支を0として、海水交換を推定。

の表面を平らにすると、その面は海面下になります。海洋の表面積は地球表面積の約7割を占めます。図1-10で見られる通り、海洋と陸地の面積比は北半球ではやや海洋が大きく、3：2です。南半球では海洋面積が非常に大きく、4：1です。図1-4で見られるように、北極周辺には北極海が広がっているため、北緯70度以北では海洋が70％以上を占めます。また、南極大陸周辺には南氷洋（南極海、南大洋）が広がり、南緯40 〜 70度は海洋が90％以上を占めます。南氷洋では海水が陸地に阻まれずに地球を一周できるため、南極周極流（4-1）や深層循環（2-6）により海水が輸送され、水・熱・物質の循環において大きな役割を果たしています。図1-11に示す通り、大洋の中で太平洋が最も大きく、面積、体積は大西洋の約2倍で、陸地よりも大きな面積を占めています。

1−4　熱　循　環

　水分を加熱・冷却すると、その熱は温度を変化させることや、相を変化させることに使われます。その相のままで、昇温や冷却に使われる熱を**顕熱**と呼びます。顕熱は水分子の運動による熱伝達です。圧力一定の場合に、単位質量を単位温度変化させるために必要な熱量である定圧比熱 C_p（$\mathrm{J\ kg^{-1}K^{-1}}$）により、顕

熱H(J kg^{-1})は次の式で与えられます。

$$H = C_p\,T \tag{1-3}$$

Tは絶対温度(K)で、これが一定の場合、各相のHをC_pで比較することができます。表1-1に示す通り、海水は大気に比べ温度変化に大きな熱量が必要で、つまり貯熱力が大きく、温度変化しにくいと言えます。相の変化に使われる熱を**潜熱**と呼びます。例えば氷を加熱すると徐々に水に変化しますが、この加熱のエネルギーは昇温ではなく水分子間の結合を解くために使われています。凝結や気化、あるいは昇華は、沸点や昇華点に関わらず起こります。水蒸気へ、あるいは水蒸気からの相変化で、表1-1の通り、多くの熱が必要です。

表1-1 定圧比熱と潜熱

形態	定圧比熱 ($\times 10^3$ J $kg^{-1}K^{-1}$)	変化名称	相変化	潜熱 ($\times 10^6$ J kg^{-1})
乾燥空気	1.0	凝固・融解	氷 − 水	0.334
水蒸気	1.9	凝結・蒸発	水 − 水蒸気	2.50
水	4.2*	昇華	氷 − 水蒸気	2.83
海水	3.9*	いずれも0℃での値。		
氷	2.0*			

＊0℃での値。

　宇宙空間は真空状態ですが、電磁波による熱伝達である**放射**は伝播します。地球の大気上面で太陽から受ける放射エネルギーは、垂直面に対して1.4 kW m^{-2} ≒ 2.0 cal cm^{-2} min^{-1}で、これを**太陽定数**と呼びます。地球も赤外線を放射しており、太陽放射に比べ波長が長いことから、太陽放射を**短波放射**、地球からの放射を**長波放射**と呼びます。図1-12は地球での熱収支を示しており、地球への短波放射を100 %とすると、29 %は反射され宇宙空間へ戻ります。地球からの長波放射があり、地球大気上面での熱収支は概ね釣り合っています。このような状態を"**放射平衡**が成立している"と呼び、これにより地球の温度は平均的にほぼ一定に保たれています。短波放射の入射に対する反射の割合(反

射／入射）を**アルベド**と呼びます。アルベドは太陽高度により変化し、高度が低いほど大きくなります。また入射する面の質によって異なり、陸地では数十％ですが、水面は数％程度です。氷や雪は50％以上と大きいので、地球温暖化でこれらの面積が減少すると地表面の短波放射の吸収が増加し、さらに氷や雪を融解して温暖化が加速することが危惧されます。短波放射のうち24％は、大気中の雲や水蒸気、CO_2などの大気成分に吸収され、47％が地表面で吸収されます。地表面へは、短波放射に加えて大気からの下向きの長波放射もあり、逆に、長波放射、潜熱、及び顕熱が放出され、熱収支が概ね釣り合っています。潜熱は水分の蒸発による熱輸送で、海洋−大気間では海洋から大気に輸送されます。顕熱は熱伝導で、温度が高い方から低い方に輸送され、海洋−大気間では多くの場合に海洋から大気へ輸送されます。大気からの下向きの長波放射と

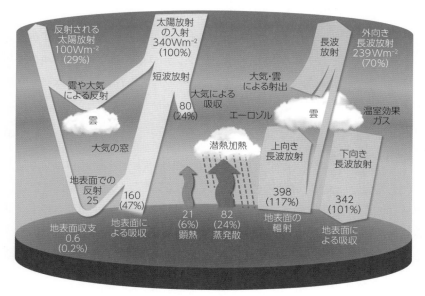

図1-12　地球の熱収支（日本の気候変動2020（文部科学省及び気象庁）に加筆）
　熱エネルギーの単位はWm^{-2}で、括弧内は地球に入射する太陽放射（短波放射）を100％とする時の割合。「地表面」とは地面、海面、植生に関わらない地表全般を指す。短波放射は入射角により変化し、ここでの値は全球の平均値。

は、雲や大気が蓄積している熱からの放射で、この量は地表面に与えられる短波放射の約2倍です。大気は電磁波を吸収する性質がありますが、通過できる波長帯があり、これを**大気の窓**と呼びます。可視光線などの短波放射は大気を通過しやすいため大気での吸収量は少ないですが、赤外線などの長波放射は通過しにくいため、地表面からの長波放射のほとんどが大気で吸収されます。こうして大気が吸収した熱、合計171 ％は長波放射として、70 ％が大気圏外へ放出され、101 ％が地表面へ吸収されます。つまり、短波放射に匹敵する量が大気と地表面間を往復しており、特に大気－海洋間で活発な熱交換が行われています。

　大気から海洋への熱輸送を正とすると、海面熱収支 G(W m^{-2})は次式で表せます。

$$G = SR + LR_a - LR_s - SH - EV \tag{1-4}$$

ここで G は、正であれば正味で海に与えられる熱量で、負であれば海洋が損失する熱量です。それぞれの項は、測定データに基づく推定式である**バルク式**として、以下の通り表現できます。SR は海面への短波放射量で、地表面上で観測された日射量 I を用いて次式で表せます。

$$SR = (1\text{-}r)\, I \tag{1-5}$$

ここで r はアルベドで、水面では0.06 〜 0.08が示されています。I は雲を通過してきた値で、大気上端での日射量に対し雲量の係数(雲量30 ％以下では1、雲量100 ％では0.2など)から求めることもできます。LR_a は大気からの下向長波放射量で、観測機器で直接計測できる場合がありますが、気温 T_a(K)の関数として次式で表せます。

$$LR_a = a\, c T_a^{\,4} \tag{1-6}$$

ここで a はステファンボルツマン定数(= 5.67 × 10^{-8} W m^{-2} K^{-4})です。c は雲量に依存する係数で、0.77〜0.95が示されており、雲量が多いほど値は大きく

なります。LR_s は海面からの長波放射量で、水温 $T_s(\mathrm{K})$ の関数として次式で表せます。

$$LR_s = a\,T_s^4 \tag{1-7}$$

顕熱は1-1式で表しましたが、その輸送量 SH は次式で求めることができます。

$$SH = \rho\,C_p C_H U(T_s - T_a) \tag{1-8}$$

ここで ρ は大気密度で、0 ℃、1,000 hPaで、1.275 kg m^{-3}です。C_p は先述の定圧比熱、C_H は顕熱に対する抵抗係数で、風速 $U(\mathrm{m\ s^{-1}})$ に依存し、1 〜 30 m s^{-1}で1 〜 2 × 10^{-3}です。一般的に気象学では高度10mの風速を使用し、それ以外の高度で計測された場合、厳密には、モニン・オブコフの相似則などにより高度補正を行う必要があります。水温よりも気温の方が高い場合、顕熱は負になります。EV は潜熱輸送量で、次式で求めることができます。

$$EV = \rho\,LC_E U(q_s - q_a) \tag{1-9}$$

ここで L は潜熱で、海水の蒸発においては水温に依存します。表1-1では水温0℃での潜熱を示しましたが、30 ℃では2,430 J g^{-1}です。C_E は潜熱に対する抵抗係数で、$C_E = \beta\,C_H$ と置くと、蒸発する条件下では $\beta = 0$ 〜 1、凝結する条件下では $\beta = 1$ です。q_s は T_s に対する空気の飽和比湿、q_a は T_a に対する空気の比湿で、それぞれ以下の式で求められます。

$$q_s = 0.622 E_s/P \tag{1-10}$$

$$q_a = (0.622 E_a/P) \times (h/100) \tag{1-11}$$

ここで E_s と E_a は飽和水蒸気圧で、温度に依存し、0 ℃では6.11 hPa、30 ℃では42.43hPaです。P は気圧(hPa)、h は相対湿度(%)です。

　大気が長波放射を吸収し、宇宙空間への熱の流出を防ぐ機能を**温室効果**、この機能を持つ気体を**温室効果ガス**と呼び、地球を温暖な気候に保ってくれてい

ます。現代の地球は温室効果ガスが増え過ぎて放射平衡が崩れかけており、地球の平均気温が上昇する温暖化の状態にあります。これに伴い水温も上昇し、海面の上昇も起こっています。海面上昇の理由の一つは熱膨張で、大きな問題になっているのは氷河の融解です。南極やグリーンランドなどは大規模な氷河である**氷床**に覆われており、これらが溶けることで海面が上昇します。北極海の氷河のように、海水中に浮いている氷が溶けても海面上昇に大きくは寄与しません。温暖化により、深層水の沈み込み(2-5)の減少や、生物の生態・生息域変化が起こることも懸念されています。例えば、水温30℃以上の状態が続くと、サンゴの白化現象が起こります。サンゴは浅海域に棲息し、褐虫藻と共生して、褐虫藻の光合成による生産物を利用することで成長や石灰質形成を行っています。海面上昇で生息深度が深くなると褐虫藻の光合成に必要な光量が低下し、また水温上昇により褐虫藻の光合成機能は損傷を受けます。光合成機能が損傷された褐虫藻をサンゴが放出し、骨格が透けて白く見える現象が白化で、これが長期間続くと褐虫藻から生産物を得られなくなるためサンゴは死滅します。大気中の温室効果ガス濃度が上昇すると、海水からガスが放出されにくくなる、あるいは海水がガスを吸収するため、海水中のガス濃度も高くなる可能性があります。実際に海水中のCO_2濃度は増加しています。海水中でCO_2は水と反応し炭酸(H_2CO_3)になりますが、水素イオン(H^+)が解離した炭酸水素イオン(HCO_3^-)や炭酸イオン(CO_3^{2-})との間で、以下に示す化学平衡の状態にあります。

$$CO_2 + H_2O \rightleftarrows H_2CO_3 \rightleftarrows H^+ + HCO_3^- \rightleftarrows 2H^+ + CO_3^{2-} \qquad (1\text{-}12)$$

海洋表層水は概ね$pH = 8.1$の弱アルカリ性ですが、CO_2が増加するとH^+も増加するため酸性化します。pHはH^+の逆数の常用対数で、小さくなると酸性化を意味します。IPCC(Intergovernmental Panel on Climate Change；気候変動に関する政府間パネル)(2013)は、「海面付近の海水のpHは工業化時代の始まり以降0.1低下している」と報告しています。H^+が増加すると、以下の反応が左に進むことでCO_3^{2-}が減少します。

$$\mathrm{HCO_3^-} \rightleftarrows \mathrm{H^+} + \mathrm{CO_3^{2-}} \tag{1-13}$$

多くの海洋生物は、$\mathrm{CO_3^{2-}}$ とカルシウムイオンから炭酸カルシウムの骨格や殻を作っているので、海洋の酸性化は海洋生物の成長を阻害します。

1 - 5　水　循　環

　地球全体の水分の総量は$1{,}385 \times 10^3\,\mathrm{km^3}$と推定され、そのほとんどは海水として存在し（約97 %）、水蒸気として大気に存在する水分は微量です（図1-13）。各貯留場所の水の出入りを**水収支**と呼び、水収支が釣り合って0の場合、現存量は一定です。逆に、現存量が変化しなければ、水収支は釣り合っていると考えられます。例えば海洋の場合、平均的には海水の量は維持され（収支0）、大気への蒸発$425 \times 10^3\,\mathrm{km^3\,y^{-1}}$に対して$385 \times 10^3\,\mathrm{km^3\,y^{-1}}$が降水により海洋に戻り、氷河を含む陸域からの供給が$40 \times 10^3\,\mathrm{km^3\,y^{-1}}$あると考えられています。最大のフラックスは海洋での蒸発フラックスで、その約9割が降水として海洋に戻り、地球上のほとんどの水分が大気－海洋間を往復しています。海洋での蒸発の1割弱は、陸域に運ばれます。陸域での降水のうち7割弱が蒸発で大気に戻りますが、これは海洋の2割弱です。陸域での降水の3割強が陸域に取り込まれ、氷雪や地下水、湖沼や河川、土壌や生物として蓄積され、人類はこのごく一部を利用しています。陸域から海洋へは主に河川を通じて輸送されますが、地下水が海底から海洋に湧出する海底湧水の寄与が大きい海域も存在します。

　各貯留場所の水分や物質がそこに留まる時間を**滞留時間**と呼びます。流入した水分や物質がその場に留まる平均滞留時間は、現存量を流入フラックス（移動量）で割ることで求められます。一方、その場にある水や物質がその場から流出するのにかかる滞留時間は、現存量を流出フラックスで割ることにより求められます。収支がバランスしていれば流入と流出は同量なので、どちらの方法で計算しても滞留時間は同じ値になります。海水の平均滞留時間は約3,000

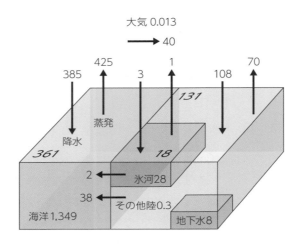

ブロック ： 現存量（×10⁶km³）
◀─── ： フラックス（×10³km³/year）
斜　体 ： 面積（×10⁶km²）

図1-13　地球の水循環（理科年表（国立天文台）を元に作成）
　　　　陸地は氷河と陸に分けられる。現存量は、そこに貯留さ
　　　　れている水分の体積で、生物などに貯留されている水も
　　　　含む。フラックスは，水分の移動量を表す。一般にフラッ
　　　　クスは、単位時間、単位面積あたりの移動量を指すが、
　　　　面積を掛けた単位時間あたりの移動量、通過速度、物質
　　　　の形態変化などもフラックスと呼ぶ場合がある。その場
　　　　面や専門分野により異なるので、言葉の定義や単位を確
　　　　認する必要がある。

年（＝海水量／蒸発フラックス）であるのに対し、大気中の水蒸気の平均滞留時
間は約10日（＝水蒸気量／降水発フラックス）で、素早く降水に変化します。海
水の起源や年齢の推定、海洋への淡水供給源や海水輸送経路の推定など使われ
る物質を**トレーサー**と呼びます。代表的なトレーサーは安定同位体です。**同位
体**とは同じ原子番号で中性子数が異なる核種のことで、質量数が異なります。
安定同位体は一定の割合で存在するので、天然の存在比と得られたサンプルの
安定同位体存在比とを比較することで、供給源や年代が推定できます。塩分も
希釈や濃縮で変化する保存量であり、トレーサーとして利用することができま

す。

　大洋の水収支を比較すると(図1-11)、太平洋は降水と蒸発がほぼバランスしていますが、インド洋や大西洋は降水量に比べ蒸発量が大きいです。単位面積あたりで比較すると、太平洋と大西洋の蒸発量は同程度ですが、太平洋の降水量は大西洋の3倍程度です。低緯度の海洋で蒸発した水分は貿易風(1-7)で西に輸送されますが、太平洋は面積が広いので、輸送の間に太平洋に降水する可能性が高くなります。北大西洋で蒸発した水分は太平洋やユーラシア大陸まで輸送されて、そこで降水となります。よって太平洋は蒸発した以上の降水があり、大西洋では降水が蒸発を下回ります。インド洋は単位面積あたりの蒸発量が太平洋や大西洋よりも多く、これらが風で輸送されるため降水量が下回ります。温帯で蒸発した水蒸気は偏西風(1-7)で東に輸送されて、南北米大陸やアフリカ大陸の山脈で降水し、河川を通じて太平洋や大西洋に供給されます。各大洋の水収支がバランスしている(体積が一定)の場合、海域毎の(蒸発)－(降水＋河川水)の残りは、他の海域との海水交換と考えられます。太平洋と北極海からは海水が流出し、大西洋とインド洋へ流入しています。

1－6　コリオリ力(転向力)

　コリオリ力とは、物体や流体に働く地球の自転に伴う見かけ上の力です。移動体が図1-14(a)の北極点Pから赤道上の点Aに向かって、直線的に移動することを考えます。地球は自転しているため移動体が到達するまでに点Aは移動します。自転の影響を受けない地球外からはこの動きを認識できますが、地球と共に自転していると、点Aが点A'へ、点Bが点Aへ移動したことは認識できません。このため、赤道上の点Aで移動体の動きを見ると、あたかも右に曲がって点Bに到達したように見えます。このような見かけ上の力がコリオリ力で、その大きさは次式で表せます。

$$F = 2V\Omega\sin\phi = fV \tag{1-14}$$

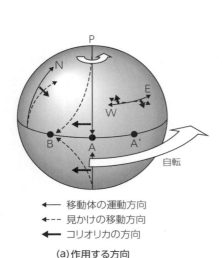

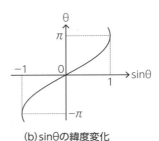

(b) sinθの緯度変化

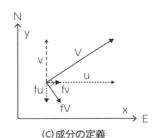

(c) 成分の定義

図1-14　コリオリ力
(a)Pは北極点で、移動体が赤道上の点Aに向かって直線的に南に向かうことを考える。北半球では移動体を右に曲げるようにコリオリ力が働き、移動体は点Bに到達する。実際には、自転により点Bが点Aの位置に移動している。移動体が東、西、北のいずれに向かう場合も、北半球では右に偏向し、南半球では左に偏向する。
(b)北極(π)〜南極($-\pi$)間の緯度θの変化による$\sin\theta$の変化。
(c)東西方向にx軸、南北方向にy軸を取り、東向き及び北向きを+で表す。流体の速度ベクトルVに対して、流速の東西成分はuで、南北成分はvで表す。北半球ではコリオリ力が右90°方向に働き、コリオリ力の東西成分は$+f_v$、南北成分は$-f_u$である。

ここでFは単位質量に働くコリオリ力($\mathrm{m\ s^{-2}}$)、Vは移動速度($\mathrm{m\ s^{-1}}$)、Ωは地球の回転角速度(2π rad $\mathrm{day^{-1}}$)、ϕは緯度(°)です。Fは加速度の次元を持っており、質量を掛けることにより力(N)で表せます。$f = 2\Omega\sin\phi$を**コリオリのパラメータ**($\mathrm{s^{-1}}$)と呼びます。$\sin\phi$は図1-14(b)の通り変化するので、北極では$f = 2\Omega$、南極では$f = -2\Omega$、赤道では$f = 0$です。つまり、コリオリ力は極で極大となり、赤道では働きません。コリオリ力が働く方向は、進行方向に対して北半球では右90°方向、南半球では左90°方向です。地球流体力学では、東西・

南北軸や成分流速の記号・符号を図1-14(c)のように定義します。コリオリ力を東西・南北成分に分解すると、東西成分F_uは$F_u = fv$、南北成分F_vは$F_v = -fu$となります。

　コリオリ力の大きさは緯度により変化し、これを**β効果**と呼びます。コリオリ力の緯度変化率βは、次式で表されます。

$$\beta = \frac{2\Omega \cos \varphi}{R} \tag{1-15}$$

Rは**ロスビーの変形半径**で、これより大きな空間規模の現象ではコリオリ力を考慮する必要があります。順圧(4-4)な一層の流体での変形半径は**外部変形半径**と呼ばれ、次式で表されます。

$$R_{EX} = \frac{1}{f}\sqrt{gH} \tag{1-16}$$

ここでR_{EX}は外部変形半径(m)、Hは水深(m)です。多くの海洋は傾圧(4-4)で、その場合の変形半径は**内部変形半径**と呼ばれます。二層で近似できる場合、上層での内部変形半径R_{IN}(m)は次式で表せます。

$$R_{IN} = \frac{1}{f}\sqrt{\frac{\Delta \rho}{\rho} \, g \, \frac{h_1 h_2}{H}} \tag{1-17}$$

ここで$\Delta \rho$は上下層の密度差、ρは海域の代表的な密度で、$\Delta \rho / \rho$は一般的に$10^{-3} \sim 10^{-2}$の桁数です。h_1は上層の、h_2は下層の厚みで、$H = h_1 + h_2$です。外洋を一層で近似するとR_{EX}は数千～数万kmの空間規模ですが、二層で近似するとR_{IN}はR_{EX}の1／100 ～ 1／10程度です。成層した沿岸海域でのR_{IN}は数km～数十kmで、例えば、約40 km四方の紀伊水道で起こる外洋水の流入と内湾水の流出にはコリオリ力が影響し、外洋水は東岸沿いに、内湾水は西岸沿いに流出する傾向があります。

1－7　海上の風系

　海洋－大気間では水、熱、運動量、物質などを交換しているので、海洋学を

学ぶ上で、海面近くの気圧場や風系を理解しておく必要があります。海上風は、数日程度で変化する総観スケールの地衡風や傾度風でも発生しますが、定常的に存在する表層海流の発生や維持には、**対流圏**で起こる地球規模の大気大循環による海上風が関係します。対流圏とは地表に近い大気層で、平均的には下層ほど高温であるために対流が起こる層です。単純な熱循環を考えると、大気が熱帯で上昇し、極で下降する鉛直循環を想像できます。実際には図1-15のように3つの南北循環が存在し、これにより地表付近では、赤道域に**赤道低圧帯（赤道収束帯）**、中緯度域に**亜熱帯高圧帯**、高緯度域に**亜寒帯低圧帯**、極域に**極高圧帯**が形成されます。亜熱帯高圧帯から南北に大気が吹き出し、これにコリオリ力が働き、低緯度側への吹き出しは北半球では北東風の**貿易風**となります。南半球の貿易風は南東風であるため、赤道低圧帯へや南北から大気が収束します。亜熱帯高圧帯から高緯度側への吹き出しは、北半球では南西風となり、**偏西風**と呼ばれます。極高圧帯から低緯度への吹き出しは**極偏東風**と呼ばれ、北半球では北東風です。

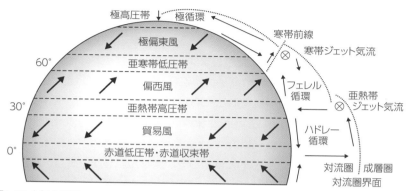

図1-15 大気大循環

　熱帯域では、地表付近で加熱された大気が上昇し、対流圏界面で発散して高緯度に向かう。冷却により緯度20 ～ 30 度で下降し、下降域の地表面に亜熱帯高圧帯（中緯度高圧帯）が形成される。ここから周辺に大気が吹き出し、熱帯には南北半球から貿易風が収束して赤道収束帯（赤道低圧帯、熱帯収束帯、赤道無風帯、赤道前線）が形成される。この位置は地域差や季節変化があり、北太平洋の夏季は北緯10 ～ 20度付近に形成される。熱帯－亜熱帯間の鉛直的な南北循環をハドレー循環と呼ぶ。極域では、大気が冷却されて下降流が生じ極高圧帯が形成され、ここから吹き出した極偏東風が緯度60度付近で偏西風とぶつかり亜寒帯低圧帯（高緯度低圧帯、極前線）を形成し、大気は上昇する。極域－亜寒帯間の鉛直的な南北循環を極循環と呼ぶ。ハドレー循環と極循環に挟まれる形でフェレル循環が存在する。亜寒帯低圧帯での上昇流の南方への大気輸送は亜熱帯高圧帯までは達せず、フェレル循環は閉じていない。ハドレー循環は極循環よりも温度が高く、厚みがあるため、偏西風は上空にも及ぶ。上空の偏西風は南北に蛇行し（偏西風波動）、その流軸は季節変動する。強い偏西風をジェット気流と呼ぶ。

〈復習ポイント〉

第1章

（1）海洋の誕生に至るプロセス（1-1）

（2）プレートの運動や配置と、海底地形（1-2、3-2）

（3）地球や海洋の諸元の定義と、その基準（1-3）

（4）地表―大気間の熱収支（1-4）

（5）地球全体の熱や水の収支（1-4、1-5）

（6）コリオリ力の概念、式、特性（1-6）

─ コラムA マリンハザードの定義と国際動向 ─

　「マリンハザード」とは海で起こり得る危険事象で、災害を引き起こしたり、自然環境に影響を与えたりします。マリンハザードの定義や系統的な分類の例は少なく（Shroder *et al*, 2015、寶ら、2011、宇野木、2012）、ユネスコ（UNESCO; United Nations Educational, Scientific and Cultural Organization：国際連合教育科学文化機関）のIOC（Intergovernmental Oceanographic Commission：政府間海洋学委員会）においても、包括的には扱っていません。しかし概ね、原因別に次の通り4つに大別できます（林ら、2020）。
・地殻変動（プレート運動、マグマ活動、など）に起因
　　：津波、海底地震、海底火山噴火、海底地滑り、など
・気象現象（台風、低気圧、温暖化、など）に起因
　　：高波、高潮、大規模出水・漂流、海面上昇、海岸浸食、海洋酸性化、
　　など
・人間活動（経済活動、海洋開発、など）に起因
　　：海難、有害物質流出、廃棄物投棄・漂流、など
・生態系に起因
　　：生物大量発生、貧酸素水塊、など
　これらのマリンハザードは人命を奪うだけでなく、物理的な破壊、経済損失、環境悪化も引き起こします。日本ではハザードと災害の区別が曖昧ですが、ハザードにより生じる人や社会の被害が災害です。自然が被害を受けても、人に被害が及ばなければ災害とは呼びませんが、間接的には人に影響します。一般にイメージされる災害は、台風のような気象現象や地震のような地殻変動に起因するハザードが引き起こす自然災害で、極端な現象により突発的に発生し、大きな被害をもたらします。これに対し温暖化（気候変動）(1-4)や生態系に起因するハザードは、長い時間を経て自然が変化した結果として現れ始めたり、何かのきっかけで顕在化したりします。人命に関わる災害を引き起こす印象はありませんが、人の生活には確

実に影響を与えています。海難は人間活動に起因するマリンハザードの典型で、同時に人命に関わる災害でもあります。日本ではほとんどのマリンハザードが発生し、実際に災害を引き起こしています。

　マリンハザードに限らず、災害は人類共通の脅威で、国際的にさまざまな取り組みがなされています。国連防災機関(UNDRR; United Nations Office for Disaster Risk Reduction)は，国連防災世界会議(WCDRR; World Conference on DRR)において防災に関する国際的な指針を示しています(内閣府)。2015年に仙台で第3回が開催され、2030年までの目標として「仙台防災枠組(Sendai Framework for Disaster Risk Reduction)」(第3回国連防災世界会議、2015)が採択されました。また国連開発計画(UNDP; United Nations)は2015年にSDGs (Sustainable Development Goals：持続可能な開発目標)を採択し(外務省)、そこには「気候変動と災害に対するレジリエンス」も含まれています。SDGsと連動して、2017年に国連総会で「持続可能な開発のための国連海洋科学の10年」(略称：海洋の10年；The Ocean Decade)が宣言され(IOC/UNESCO)、2030年までの達成目標である10課題の中に海洋汚染と海洋災害が掲げられています。世界銀行が2017年に発行した報告書(邦題「防災と貧困削減：自然災害に立ち向かう貧困層のレジリエンス構築」)(Hallegattee et al., 2017)では、自然災害による経済損失額を示すと共に、生態系サービス(コラムC)への依存度が高い貧困層が最大の代償を払いがちで、「自然災害に対するレジリエンスの構築は、経済面だけでなく道義上の急務である」と指摘しています。これは、人を取り巻いて災害・経済・環境が連環していることを示した極めて意義深い提言です。

第2章　海水の物性

2-1　海　中　光

　短波放射には、図2-1に示すようなさまざまな波長成分が含まれています。可視光線より短い波長の放射は、ほとんどが大気高層の酸素やオゾンで吸収されます。可視光線より長い波長の放射は、多くが大気で吸収されます。海面には可視光線と赤外線や紫外線の一部が到達し、その中でエネルギーが大きいのは青色〜緑色の波長帯です。水分子は、短い波長の光を吸収しやすい性質があるため、赤外線や赤色光は表層で吸収され、温度上昇に使われます。波長が長く、エネルギーが大きな青色・緑色光は、散乱しながら深くまで透過します。一方で、長い波長の光は**懸濁物**に吸収されやすい性質があります。懸濁物とはプランクトンなどの微生物や生物の死骸やフン、土壌粒子などで、生物生産の高い沿岸域に多くあります。海色は、可視光線が海中で反射して海面に戻り、戻ってきた波長を合成した色として認識されます。懸濁物が少ない海域では、

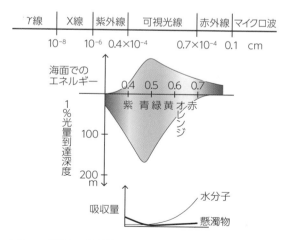

図2-1　太陽光の波長別分類と可視光線の波長別特性

エネルギーが大きく、水分子の吸収がより少ない青色光がより多く反射するため、海は青く見えます。懸濁物が極めて少ないと、光が反射されないため海は黒く見えます。この例が黒潮(4-1)です。懸濁物が少ないことは、生物的には貧しいと言えます。懸濁物が多い沿岸海域などでは、紫・青色光が多く吸収されるため海は緑色に見えます。海面で植物プランクトンが大量発生すると、その色素により海が赤っぽく見えます。これが**赤潮**(コラムB)です。海面が青白く見える**青潮**(コラムB)は、**貧酸素水塊**(コラムB)で発生した硫化水素が浮上し、酸化して硫黄を生成することによる変色現象です。

　海中に入った光は、水分子による吸収のため、海面直上光量I_0から概ね半減します。海中光量の鉛直分布は、図2-2の通り指数関数的に減衰します。任意深度hにおける光量I_hは次式で表されます。

$$I_h = I_0 \ e^{-kh} \tag{2-1}$$

kは消散係数で、深度あたりの減衰量を表し、懸濁物量などにより変化します。懸濁物量の少ない外洋では100 m以上光が届くことがありますが、赤潮が発生

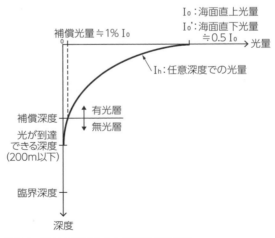

図2-2　光量の鉛直分布と各種深度の定義

している状況では、植物プランクトンそのものによる光の遮断や光合成による光の吸収により光量は急激に減衰します。このような状況を**自己遮蔽**と呼びます。光合成の量が光量で一意に決まると仮定すると、光量が多い昼間に表層ほど光合成量は多くなります。一方で植物プランクトンは光が届かない深度へも沈降し、昼夜を問わず呼吸しています。光合成量と呼吸量とを比較するには統一した指標が必要で、例えば酸素を指標にして、光合成量を酸素生産量、呼吸量を酸素消費量で表現することができます。光合成量と呼吸量とが釣り合う深さを**補償深度**、その時の光量を**補償光量**と呼びます。これより浅い層では光合成量が呼吸量を上回り、正味で基礎生産があるとの意味から**有光層**と呼んでいます。これより深い層では正味の基礎生産がないとの意味で**無光層**と呼んでいますが、補償光量は経験的にI_0の1％程度あり、無光層にも光は届いています。光合成量と呼吸量をそれぞれ鉛直的に積分し、両者が釣り合う深度を**臨界深度**と呼びます。

　海色は、光を波長別に計測できる分光放射計により計測できます。分光放射計は人工衛星にも搭載されており広域の海色が観測できますが、可視光線を捉えているため夜間や雲がある場合は計測できません。海色の簡易的な目視観測方法として、フォーレル・ウーレ水色標準液があります。青色〜茶色を20段階の色に分け、1〜11(フォーレル)と11〜21(ウーレ)の色見本と比べて、海色を特定する方法です。海中光量は光量子計や照度計などにより計測できますが、簡易的な方法として**透明度板**(セッキー円盤)があります。透明度板は直径30 cmの白色円板で、これを水中に降ろし、円盤が見えなくなる、あるいは見え始める距離を**透明度**と定義しています。黒潮流域で30〜40 m、大阪湾奥部で1 m以下などの記録があります。経験的に、有光層深度は透明度の1〜3倍程度です。2018年からは、水生植物の生育量が多く、人にとって親水性の高い沿岸域を対象に、海域毎に沿岸透明度の目標値を設定することになりました。透明度が低いことと、海が汚れていることは同義ではありません。しかし、沿岸透明度を低下させる原因である懸濁物や着色水は有機物汚濁につながる物質であるため、沿岸透明度が環境指標の一つとなりました。

2-2　水　　温

　海面水温は、主に海洋－大気間の熱収支(1-4)で決まります。図1-12では平均的な熱フラックスを示しましたが、熱フラックスは時間的にも、また図2-3に示す通り空間的にも変化します。地表面からの長波放射の緯度変化は短波放射に比べて小さく、緯度毎で熱収支は釣り合っていません。単位面積あたりの短波放射量は、太陽高度が高い低緯度ほど大きくなります。地表面で受ける短波放射も低緯度域で大きく、高緯度域で小さいですが、赤道収束帯(図1-15)で雲が発達すると吸収されて若干低くなります。低緯度域では正味で熱を吸収し、高緯度域では放出しています。大気からの下向き放射は気温に比例するため、低緯度で大きく、高緯度で小さくなります。もし熱がその場で保存されれば、

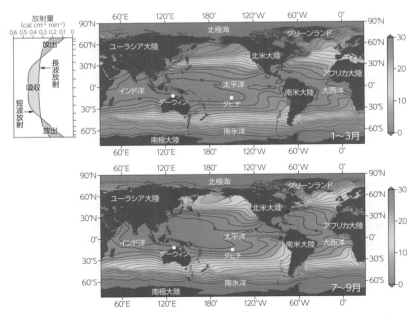

図2-3　地表での放射収支（左上）と海面水温分布（右）(World Ocean Atlas Climatology(NOAA)の1911～2020年の平均値に加筆)

　低緯度域には熱が蓄積し続け、高緯度域は冷却し続けられますが、地球規模の大気循環(1-7)、海洋の表層循環(4-1)や深層循環(2-6)により熱は再配分され、平均的には一定温度が維持されます。このような海水の流動も、海水温度を決める要因の一つです。

　熱収支の緯度偏差により、海面水温は図2-3に示す通り、低緯度帯で高く、高緯度帯で低い分布になっています。等値線の間隔が狭い状態は水温変化が大きいことを意味し、南北方向の水温変化が大きい傾向があります。これに比べると東西方向には水温は一様ですが、表層海流や海上風の影響が局地的に現れています。亜熱帯循環流(4-1)により、大洋の西側では暖水が南北に広がり、東側では低温水が陸に沿って低緯度に突き出る傾向が見受けられ、大洋の西側の水温が高い傾向があります。北半球の夏季は、暖水域の範囲が東へ広がる傾向があります。高緯度域の低温水は、冬季に低緯度方向に張り出します。グリーンランドとユーラシア大陸との間は開けているため、北極海－北大西洋間で海水交換があり、ノルウェー海流(図4-1)が北極圏内にまで暖水を輸送しています。北太平洋は、ユーラシア大陸と北米大陸とが接近しており、水深も浅いため(図1-4)、北大西洋に比べ北極海との海水交換は少ないです。南極大陸周辺は、南極環流(4-1)のため東西方向に水温分布が一様になっており、南北方向の水温勾配が顕著で、フロント(2-7)が形成されています。

　海水の主な熱源は海面への放射なので、図2-4(a)の通り水温は表層ほど高温になり、中緯度域を中心に時空間変動が大きくなります。海洋表層は、風による強制混合や海面冷却による対流により、ある程度の深度まで水温が概ね一定になります。この範囲を**混合層**と呼びます。中緯度域の混合層深度は季節変化が大きく、夏季は海面加熱による浮力で浅くなり、冬季は海面冷却や強風により深くなります。極域では、夏季は海面付近が高温になりますが、全体としては海面冷却による対流が活発なため、深層まで混合します。深層では季節によらず水温は概ね一定です。混合層と深層との間で、水温が大きく変化する層を**水温躍層**と呼びます。低緯度域では赤道湧昇(4-3)により躍層が浅くなり、混合層深度が浅くなる傾向があります。中緯度域を中心に混合層深度は季節変化

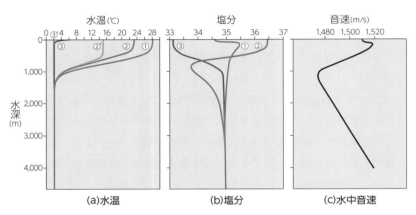

図2-4　水温、塩分、音速の一般的な鉛直分布
　①は熱帯域、②は中緯度域、③は極域で、水温の'付きは冬季、'なしは夏季。

し、周年存在する躍層を**永年躍層**や**主躍層**と呼び、季節により出現する躍層を**季節躍層**と呼びます。また、躍層に該当する範囲を、表層に次ぐ層との意味で**亜表層**と呼ぶこともあります。

　水温の空間変化は、図2-5(a)のような断面図を描くことで捉えやすくなります。この図には先に説明した、低緯度ほど海面水温が高く、表層に混合層が存在し、低緯度域で躍層が浅くなる特徴が見受けられます。等温線が層を成して分布する状態を**成層**と呼び、低緯度～中緯度にかけて成層しています。40°N付近で等温線が縦に分布していますが、これが成層域と混合域とが接するフロントです。極域には、深層まで低温水で占められている特徴も見受けられます。この深層に沈降した低温水は、低緯度域の底層にまで広がって行きます。このような沈降は北大西洋や南氷洋でも見られ、深層循環(2-6)の起点になっています。北太平洋は、地形の影響に加え、塩分の影響(2-4)により冷水の沈み込みは顕著ではありません。

　熱帯域では観測ブイによって観測が行われ、人工衛星を通じてリアルタイムにデータが送信されています。図2-6(b)の熱帯太平洋の深度－経度断面には、先に述べた亜熱帯循環による暖水輸送に加え、東寄りの貿易風(図1-15)により

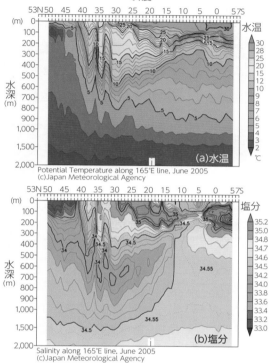

図2-5 水温と塩分の緯度−深度断面（気象庁）
　　海洋気象観測船による定期海洋観測結果（北太平洋域）の
　　2005年6月東経165度線。測線上の数カ所で観測船を停船
　　し、観測機器を下ろして計測し、データを内挿補間して
　　描いた図。広域の観測には月単位の時間がかかるため
　　データには同時性はないが、外洋の海洋物理環境の空間
　　変動に比べ月程度の時間変動は小さいと考え、この年の
　　夏季の代表値として扱われる。

水温が高い表層海水が西に吹き寄せられた大きな暖水域の形成が見られます。
水温28℃以上の暖水域を **Warm water pool** と呼び、100 m程度の厚みを持っ
て形成されており、この範囲は夏半球に偏ります（図2-3）。熱帯域では大気が
上昇し、これにより大気大循環（図1-15）や気圧配置が形成されますが、特に

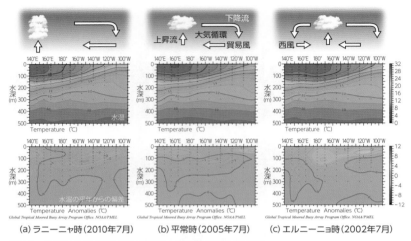

(a) ラニーニャ時（2010年7月）　(b) 平常時（2005年7月）　(c) エルニーニョ時（2002年7月）

図2-6　熱帯太平洋での水温の経度－深度断面と大気循環
Global Tropical Moored Buoy Array(NOAA)データで作成した南北2度範囲の月平均
値に大気の動きを加筆。

Warm water pool上の大気は大量の水蒸気を含んでいるため、地球全体の気象
に影響を与えます。一方東部海域では、表層水の吹き寄せにより下層から低温
水が湧昇します。南米沿岸で生じる沿岸湧昇(4-3)も加わり、東部海域の海面
水温は低下します。このため水温躍層は西部で深く、東部で浅くなり、傾斜し
ます。

　Warm water poolや東部の低温水、貿易風の分布の時間変動には、強弱はあ
るものの、図2-7で見られるような季節変動があります。図2-7(b)は東西風の
分布で、東風は貿易風を表しています。広い範囲で東風が分布して周年に渡っ
て存在しますが、北半球の春に弱くなる傾向があります。東風の分布が左に傾
斜する傾向が見られますが、これは強風域が時間を追って西に移動しているこ
とを表しています。図2-7(a)は海面水温で、東部の低温水分布は貿易風分布と
よく一致しています。北半球の初夏から風が強くなり始め、強風域が西に伝播
するに従い低温水も西に広がります。一方西部では、北半球の冬季に起こる季
節風が影響して、西風が吹くことがあります。これにより Warm water pool

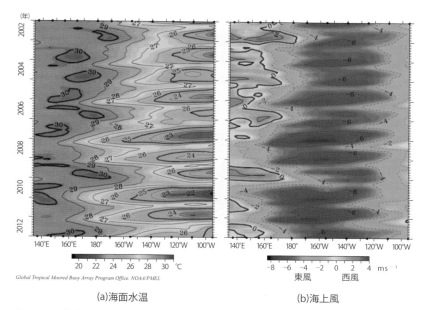

(a)海面水温　　　　　　　　　　　　　(b)海上風

図2-7　熱帯太平洋の海面水温(a)と海上風の東西成分風速(b)の時間変動
　　　　Global Tropical Moored Buoy Array(NOAA)データで作成した南北2度範囲の月平均値。

が東に広がる傾向が見られます。

　深層の水温を扱う場合、断熱圧縮変化に注意する必要があります。例えば、深度5,000 mで水温2 ℃、塩分約34.8と計測された海水を断熱状態で海面まで持ち上げると、断熱膨張により水温は0.472 ℃低下します。水温の実測値には断熱圧縮による昇温が含まれているので、海水の性質を知るためには圧力の影響を除去する必要があります。そのような水温を**温位**や**ポテンシャル水温**と呼び、一般に θ で表します。上記の例では、$\theta = 1.528$ ℃です。断熱変化による海水の断熱減率は100 mあたり1 / 100 ℃程度ですので、浅海では無視できる程度です。海水は大気に比べ圧縮・膨張しにくいため、大気の断熱減率よりも1 ～ 2桁小さい値になります。

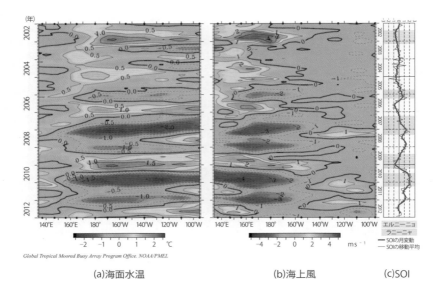

Global Tropical Moored Buoy Array Program Office. NOAA/PMEL

(a)海面水温   (b)海上風   (c)SOI

図2-8　熱帯太平洋の海面水温(a)と海上風の東西成分風速(b)の時間変動の平均からの偏
　　　差と、南方振動指数の時間変動(SOI)及びエルニーニョ・ラニーニャ発生期間(c)
　　　(a)と(b)は、Global Tropical Moored Buoy Array(NOAA)データで作成した南北2度範
　　　囲の月平均値に加筆。(a)内の点線枠は、気象庁によるエルニーニョ監視域。(c)は、「過
　　　去のエルニーニョ監視速報No.244」(気象庁地球環境・海洋部)に加筆。

2-3　ENSO

　図2-8は、図2-7の値から気候値(30年間の平均値)を引いた偏差(アノマリ)
を表しています。図2-7で見られる変化が季節変動の範囲であれば、図2-7の偏
差は小さいですが、季節変化を越えた変動があると大きな偏差が生まれます。
例えば2002年には、日付変更線より東で海面水温が1℃以上高くなっており、
海面水温が高い状態が季節変動を超えて維持されていることが分かります。東
部の海面水温が平常時よりも高い状態を**エルニーニョ**、低い状態を**ラニーニャ**
と呼びます。エルニーニョとはスペイン語で"神の子"を意味し(女性名詞がラ
ニーニャ)、南米沿岸でクリスマス時期に普段とは異なる種類の魚が獲れたこ
とを神様からの贈り物と考えて、こう呼ばれるようになりました。その後、こ

れが海面水温の変化と、これに伴う海洋・大気構造の変化をもたらす"現象"であることが分かり、20世紀後半から大規模な観測が開始されました。気象庁は、5°N～5°S、150°W～90°Wの範囲をエルニーニョ監視海域と位置づけ、ここでの海面水温と基準値との差の5ヶ月移動平均値が、6ヶ月以上続けて+0.5℃以上となった場合をエルニーニョ現象、-0.5℃以下となった場合をラニーニャ現象と定義しています。

　エルニーニョ現象発生時(図2-6(c))は貿易風が平常時よりも弱くなったり、あるいは**西風バースト**と呼ばれる強い西風が吹くことで、西部への表層海水輸送が弱くなったり、あるいは東に輸送されます。これに伴って東部の湧昇が弱まって海面水温が高くなり、水温躍層の東西傾斜は緩やかになります。また大気の上昇域が東へ移動し、太平洋高気圧が通常よりも東に分布して、日本付近に外縁が位置することで台風の通り道になったり、日本が冷夏となったりする傾向があります。また、湧昇が弱まることでペルー沖のカタクチイワシ漁獲量が減少し、これを肥料とする大豆が値上がりして、日本でお豆腐が値上がりするなど、日本にもさまざまな形で影響を及ぼしてきました。ラニーニャ現象発生時(図2-6(a))は、貿易風が平常時よりも強くなることで、暖水がより西部に、より厚く蓄積されます。東部では湧昇が強くなって海面水温が低くなり、水温躍層の東西傾斜が大きくなります。大気の上昇域も西側の狭い範囲に偏り、積乱雲の形成が活発化します。

　図2-8には、**南方振動指数**(SOI; Southern Oscillation Index)の値も示しています。東南アジアと南太平洋との気圧の間には、シーソーのような関係性があり、これを**南方振動**と呼んで、タヒチの気圧からダーウィンの気圧を引いた気圧差で指数化しています(位置は図2-3参照)。ダーウィンの気圧が相対的に高くなると、SOIは負の値をとります。この気圧偏差においては、西風が吹く、あるいは貿易風が弱くなる傾向があり、これはエルニーニョ現象の発生に関与する過程です。実際、SOIが負の時にエルニーニョ現象が、正の時にラニーニャ現象が発生しています。両者が完全に一致するわけではありませんが、エルニーニョ現象と南方振動とを一つの事象としてENSO(El Nino & Southern

Oscillation)と呼び、SOIも現象の監視に使われています。離れた場所でも大気や海水ではつながっているため、それぞれで起こる現象が互いに影響を及ぼし合い相関関係が見られることを**遠隔相関**(teleconnection)と呼びます。

2－4　塩　　分

　水は物質の溶解能力が高く、海水には全ての天然元素が溶けています。塩化ナトリウム(NaCl)が約8割、塩化マグネシウム(MgCl)が約1割を占め、塩類の組成比は概ね一定です。海水に溶けている塩類の濃度を**塩分**と呼び、海域によって大きく変化します。塩分の計測方法や定義は複数あり、**絶対塩分**は"海水1 kg中に含まれる固形物質のg数"と定義され、外洋ではおよそ35 ‰です。絶対塩分を求めことは容易ではないため塩素量に換算して求めていましたが、さらに簡易に計測できる電気伝導度を使い、ユネスコが1981年に定義した**実用塩分**が世界標準となりました。電解液に電極を入れて電位差を与えると、電解液中のイオンが移動し電流が流れるので、電気の流れやすさをイオン量に換算することで塩分が求められます。実用塩分は、計測する海水の電気伝導度と、1気圧、水温15 ℃における塩化カリウム(KCl)標準溶液との電気伝導度比(K15)で定義されます。標準溶液とは、水1 kgにKClを32.4356 g含む溶液で、1気圧、水温15 ℃での電気伝導度は42.9140 mS cm^{-1}です。具体的な換算式は、海洋観測指針(気象庁、1999)や海洋観測ガイドライン(日本海洋学会)を参照してください。絶対塩分と実用塩分とが大きく異ならないよう、K15 = 1の時実用塩分が35となるよう換算式の係数が決められています。実用塩分は電気伝導度比で定義されるため無次元数であり単位はありませんが、実用塩分であることを示すためpsu (Practical Salinity Unit)を付記する場合があります。海底地下水など極めて塩分が低い水では、塩分に換算せず、計測した電気伝導度の値を用いることもあります。2009年には、新たな絶対塩分の定義がIOC(International Oceanographic Commission)において示されましたが、塩分は実用塩分での測定が続く見込みです(河野、2010)。

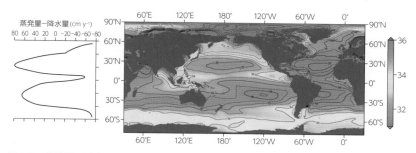

図2-9　蒸発量−降水量の緯度変化（左）と海面塩分分布（右）
　塩分分布はWorld Ocean Atlas Climatology(NOAA)の1911〜2020年の平均値。

　塩分は保存量で、濃縮や希釈により濃度が変化します。塩分を上昇させる主要因は蒸発であり、低下要因は降水で、加えて、海水の移流や拡散、河川水の流入、融氷やブライン(2-8)が影響します。海面塩分は図2-9のように分布しており、緯度変化は蒸発量と降水量との差とよく一致します。赤道付近の熱帯収束帯（図1-15）では、その海域での蒸発に貿易風で供給された水蒸気が加わり、降水量が蒸発量を上回るために塩分が低下します。緯度20 〜 30度で塩分が高くなる傾向があり、これを**亜熱帯高塩水**と呼びます。亜熱帯高圧帯には熱帯海域で降水した後の比較的乾燥した大気が循環してくるため、降水量が少なくなり塩分が高くなります。高緯度では蒸発量が少ないため、塩分は低くなります。これに加えて、陸域での降水や融氷が海洋に供給されます。極域での塩分上昇は、ブラインが影響しています。平均的に塩分は、太平洋に比べ大西洋の方が高い傾向があり、これは蒸発量が降水量を上回るためです(5-1)。ペルシャ湾、紅海、地中海などで海面塩分が極端に高いのも、蒸発が大きいためです。一方、太平洋の高緯度帯では特に塩分が低いですが、ベーリング海峡を挟むユーラシア大陸東部や北米大陸西部の高度が高いため、陸水供給の影響が考えられます。太平洋における南北方向の塩分勾配は、大西洋に比べ小さいです。

　塩分の鉛直分布は図2-4(b)に示す通りで、表層塩分は変動が大きいですが、底層ではほぼ一定です。熱帯域の表層の低塩分水の下には高塩分水が分布し、底層に向けてやや低くなります。表層塩分が低い高緯度域では、混合層から底

層に向けて塩分が低下する**塩分躍層**が存在します。中緯度帯の亜熱帯高塩水は
混合層全体を占め、亜表層で塩分が低下して**塩分極小層**を形成し、そこから深
層に向けて高くなります。このような分布が形成される理由は、図2-5(b)の深
度−緯度断面分布を見るとよく理解できます。極域表層の低塩水は非常に低温
なので、高密度になり沈降します。この間に高塩水と徐々に混ざり、やや塩分
が上昇しながら高密度になって、低緯度域へ沈降します。低緯度域の高温水と
混ざると密度が低下し、亜熱帯域に向けて徐々に浮上します。つまり亜熱帯高
塩水の下層に形成される塩分極小層は、極域で亜表層に沈降した低塩水により
形成されています。北大西洋や南氷洋に比べ、北太平洋は塩分が低いため極域
の海水は亜表層までしか沈降しません。北大西洋や南氷洋では、深層循環(2-6)
の起点として深層まで沈降します。

2−5　密　　度

　非圧縮性の流体が静止している時、深さh(m)の水柱の単位面積あたりの圧
力p(Pa)は、$p = \rho\,hg$で表されます。ρ (kg m^{-3})は海水の**密度**で、単位体積あ
たりの重さです。密度は水温T(℃)、塩分S、及び水圧p(dbar)の関数として、
次の式で求められます。

$$\rho\,(S,T,p) = \rho\,(S,T,0) / (1 - \frac{p}{K(S,T,p)}) \tag{2-2}$$

$$\rho\,(S,T,0) = \rho_w + (b_0 + b_1 T + b_2 T^2 + b_3\,T^3 + b_4 T^4)S + (c_0 + c_1 T + c_2 T^2)\,S^{\frac{3}{2}} + d_0\,S^2 \tag{2-3}$$

$K(S,t,p)$は体積弾性係数、$\rho\,(S,\,T,\,0)$は$p = 0$、すなわち海面での密度です。式
の詳細は海洋観測指針(気象庁、1999)や海洋観測ガイドライン(日本海洋学会)
を参照してください。海面には1 atm(気圧) = 1013.25 mbar = 10.1325 dbar
= 1.033 kgf cm^{-2}の圧力がかかっていますが、その状態を$p = 0$としています。
気圧の単位はmbarからhPaに変わりましたが、水圧の単位はdbarを使いま
す。水中の圧力は水温や塩分で変化しますが、簡易的には10 mで10 dbar ≒

1 kgf cm^{-2} ≒ 1 atm の圧力がかかるとみなせます。

　2-3式の通り、密度は水温と塩分に対し非線形に変化します。物質は、温度が高くなると分子の振動が活発になって分子間の距離が広がり、膨張します。これにより体積あたりの分子数が減るため、結果として密度が小さくなります。淡水も水温が下がるにつれて密度は大きくなりますが、約4℃より下がると水素結合が始まって分子が距離を持って整列するため密度が下がりますので、淡水は約4℃の時、ρ = 1,000 kg m^{-3} で密度が最大です。塩類は水分子の間に入り、含まれる塩類が多いほど重量は重く、つまり密度が大きくなります。また塩類は整列を阻害するので、塩分が高いほど密度が最大になる水温は低下します。多くの場合で密度は大気圧下(p=0)での値として、**シグマティー**、$\sigma_t(S, T, 0) = \rho(S, T, 0)$-1,000、または**ポテンシャル密度**、$\sigma_\theta(S, \theta, 0) = \rho(S, \theta, 0)$-1,000が使用されます。$T$は現場水温、$\theta$は温位です。1,000を引くのは、ほとんどの場合海水の密度は1,000 kg m^{-3}以上であるため桁を省略する意味と、淡水との密度差との意味です。

　図2-10は、T-Sダイアグラムと呼ばれています。ここには、水温と塩分から算出される密度を等密度線で描いており、水温と塩分をプロットすることで、密度分布も表すことができます。一般に水温は表層ほど高いので、縦軸は深さも意味します。T-Sダイアグラムは、海水の安定度解析や水塊分析などに利用されます。例えば、深度方向の海水の密度分布を得た時、深くなるにつれて密度が大きくなる場合、海水は"安定"しています。深度方向に密度が低下すると海水は"不安定"で、低密度な海水は浮上し、高密度な海水は沈降して鉛直混合が起こります。深度方向の密度分布が一定の状態を"中立"、あるいは"中立不安定"と呼びます。この場合、例えば表層に低密度水が供給されれば安定に、高密度水が供給されれば不安定にと、どちらにも移行し得る状態です。**水塊**とは似たような水温、塩分、密度を持つ海水のグループのことで、T-Sダイアグラム上の分布から、水塊の判別、混合・変質の分析などができます。例えば、離れた海域の異なる水塊がその間の海域で均等に混合すれば、2地点間のT-Sダイアグラム上の分布は概ね直線状になります。これが直線を大きく離れ

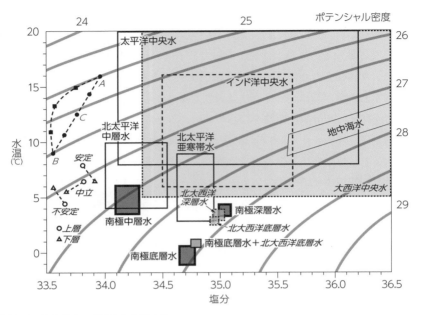

図2-10　T-Sダイアグラムと水塊分布
　図の右側は、各海域・水塊の分布範囲。図の左側は、安定度と水塊混合の説明。●は水塊A
とBが混合した場合の分布。■は異なる水塊(この場合、低塩水)が混合した場合の分布。
水塊AとBとが等量ずつ混合した水塊Cは、水塊AとBの水温、塩分の平均値の場所に分布
するが、密度は水塊AとBの平均密度(この場合、1.0255)よりも大きい。

て描かれる場合、直線から離れる方向の水温・塩分の性質を持つ他の水塊が混
合していると考えられます。また、2つの水塊が等量に混合すると、混合水の
水温と塩分は元の水塊の平均値になります。しかし密度は平均よりも大きくな
ります。これを**キャベリング**と呼び、密度が水温と塩分に対して非線形である
ことにより生じます。

　太平洋と大西洋の水塊の空間分布は図2-11の通りで、図2-10のT-Sダイアグ
ラムでは各水塊が分布する範囲を示しています。熱帯〜温帯の表層には**中央水**、
あるいは**中央モード水**と呼ばれる水塊が分布します。"モード"は最頻値の意
味で、表層海水は水温や塩分の変化が大きいですが、その場での出現頻度が高
い代表的な水塊であることを示しています。T-Sダイアグラムにおいて中央水

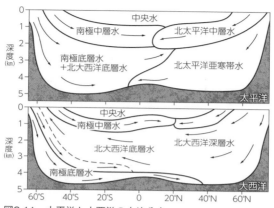

図2-11　太平洋と大西洋の水塊分布

は、太平洋が左上寄りに分布し、大西洋に比べ高温、低塩、低密度です。変動
幅は大きいですが、その中心は図2-5で見られる表層の暖水（概ね15℃以上）で
あり、亜熱帯高塩水や熱帯表層の低塩分水です。中央水の下には中層水が分布
しており、南氷洋側から沈降する中層水を**南極中層水**、北太平洋の寒帯から沈
降する中層水を**北太平洋中層水**と呼んでいます。これらが塩分極小層に該当し、
T-Sダイアグラムでは低塩側に分布しています。中層水の密度は、低温である
ため亜熱帯高塩水よりも高く、これの下に潜り込みます。底層には、極域で冷
却されると共にブライン（2-8）の効果も加わった、中層水よりも高密度な海水
が沈み込んでいます。北太平洋の寒帯から沈降する水塊は**太平洋亜寒帯水（太
平洋深層水）**、北大西洋の寒帯から沈降する水塊は**北大西洋深層水**、及び**北大
西洋底層水**、南氷洋側から沈降する水塊は**南極底層水**と呼びます。最も高密度
な水塊は南極底層水で、表層水よりも低塩分であっても水温が低いため高密度
であることがT-Sダイアグラムから見て取れます。北大西洋底層水は、大西洋
を南下して南氷洋まで達し、南極底層水と混ざり合います。この混合水が南極
環流（図4-1）により周回し、その後太平洋を北上します。この混合はT-Sダイ
アグラムからも伺えます。

2-6　深層循環

　加熱や淡水流入などにより正の浮力が与えられると密度は小さくなり、冷却や蒸発などにより負の浮力が与えられると密度は大きくなります。密度分布が鉛直的に不安定な場合だけでなく、水平方向に偏差がある場合にも海水は駆動されます。そのような流動や鉛直的な海水循環を**密度流、熱塩循環、重力循環**などと呼びます。

　地球上で最も大規模な熱塩循環は、北大西洋のグリーンランド周辺のノルウェー海やラブラドル海、及び南極大陸周辺のヴェッデル海やロス海での海水沈降を起点とする、図2-12に示す**コンベアベルト、深層循環**などと呼ばれる循環です。北大西洋深層水は海底地形に沿って（図1-4）、また西岸境界流（4-1）としてもアメリカ大陸沿いに南下します。北大西洋底層水は南極底層水と混合し、南極環流により輸送されて、一部はインド洋を、一部は太平洋を北上しながら熱帯域で浮上します。このような輸送は図2-11からも見て取れます。海水の輸

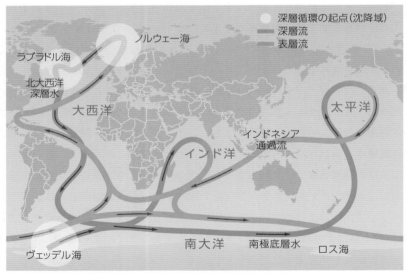

図2-12　深層循環（深層循環の変動について（気象庁）に加筆）

送速度は数十ｍ ｈ$^{-1}$程度で、沈降から浮上までは1,000年単位の時間がかかります。大気は地球を数十日〜1年程度で周回しますが、これに比べ非常に長いです。また海水の輸送量は10 Sv前後と推定されています(纐纈、2017)。Sv(スベルドラップ)は1 km^{2}の断面を1ｍ ｓ$^{-1}$で通過する流量で、1 Sv = 10^6 ｍ^3 ｓ$^{-1}$です。太平洋の熱帯で浮上した海水は、**インドネシア通過流**としてインド洋を経由し、表層海流(図4-1)によりアフリカ大陸の南から大西洋に入って北大西洋の極域に達します。このコンベアベルトは熱も輸送しており、熱の再配分やENSOに直接的に影響しています。また、深層水にはさまざまな物質が含まれており、深層循環はこれらの輸送も担っています。温暖化によりコンベアベルトが弱くなると、地球の自然環境が大きく変化する可能性があります。

2－7　沿岸の密度流

　沿岸は河川からの淡水流入や水深変化の大きさから水平的な密度変化が大きく、さまざまな種類の密度流が存在し、多くは**フロント**(前線)を伴います。フロントとは異なる性質を持つ水塊が接する境界線で、海面で海水が収束し、浮遊物の集積や海色の変化により線状・帯状に目視できる場合があります。これに対し、同一水塊内で起こる海面収束は**筋目**と呼び、海上風による**ラングミュア循環**が代表例です。筋目でも海面の変化が見られるため目視では区別しにくく、どちらも**潮目**と呼ばれます。

　河口域では図2-13のような**河口循環流**が形成されます。河川から密度の低い河川水が供給されて浮力が与えられ続け、沖合の海水との間に密度差を生じます。河川水起源の低塩水は表層を沖へ流れ、その先端の海水との境界に**河口フロント**が形成されます。低塩水に対抗する流れがなければ低塩水は海水と混合しながら薄く広がりますが、潮流(3-3)など対抗する流れがあると河口フロントが明瞭になります。河口フロントの位置は、河川流量と、対抗する流れの流速とに依存します。一方、沖合の海水は底層を河口に向けて流れ、その間に徐々

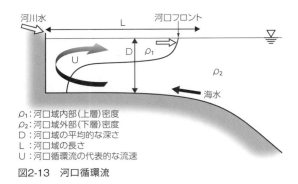

ρ₁：河口域内部（上層）密度
ρ₂：河口域外部（下層）密度
D：河口域の平均的な深さ
L：河口域の長さ
U：河口循環流の代表的な流速

図2-13　河口循環流

に低塩水と混合して密度が低下し、浮上していきます。力学的には静水圧平衡
(4-4)が成立しており、鉛直圧力勾配は重力とバランスし、河口域内外の密度
差による圧力勾配は鉛直渦動粘性とバランスしています。鉛直渦動粘性は深度
方向の海水の混ざりやすさを表現しており、大きいほど混ざりやすいことを意
味します。理論的には、河口循環流の代表的な流速 U（あるいは強さ）は次式の
比例式の通り、さまざまな環境要素と関係します。

$$U \propto \frac{\Delta \rho \, g D^3}{\rho \, k_v L} \tag{2-4}$$

$\Delta \rho$ は低塩水と沖合海水（あるいは、上下層）の密度差、D は河口域の平均的な
深さ、L は河口域の長さ、ρ は河口域の平均密度、k_v は渦動粘性係数です。2-4
式は、河川水と海水とが鉛直混合しにくく、成層化しやすい条件の河口域で発
達しやすいことを意味します。河口域が深い場合や短い場合は、鉛直混合しに
くく成層が維持されるため、このような地形の河口域は河口循環流が発達しや
すいと考えられます。また、密度差が大きい場合や鉛直渦動粘性が小さいこと
は、成層が強く、鉛直混合が発達しないことを指しています。密度差は概ね河
川流量に依存し、鉛直渦動粘性は潮流の強さに比例しますので、平均的な河川
流量と潮流の強さによっても、河口循環流が発達しやすい、あるいはしにくい
河口域を分類することができます。図2-14(a)のように、河口域の地形（河口域
が深い、短い）、河川流量が多いために成層が強い、あるいは潮流が弱いため

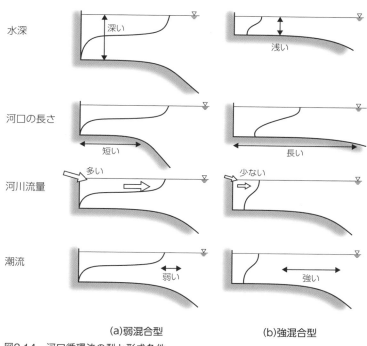

(a)弱混合型　　　　　　　　(b)強混合型

図2-14　河口循環流の型と形成条件

鉛直混合が弱いために河口循環流が発達しやすい河口域を**弱混合型**と呼びます。図2-14(b)のように、河口域が浅い、長い、河川流量が少ないために成層が弱い、あるいは潮流が強いために鉛直混合が強く、河口循環流が発達しにくい河口域を**強混合型**と呼びます。両者の中間が**緩混合型**です。コリオリ力(1-6)が働く空間規模で河口循環流が生じると、流れが偏向します。例えば、大阪湾の淀川河口域では、底層の河口循環流が湾奥で浮上しながら右に偏向することで、湾奥に西宮環流と呼ばれる時計回りの循環が形成されます。

　水深の変化が大きい沿岸では、図2-15のように、季節により変化する重力循環が存在します。浅海域の方が水温変化しやすいため、夏季に加熱時間が長く、浅海域の水温が上昇して浮力を得ると、河口循環流と同じ方向の重力循環が発生します。河口がこのような海域であれば、河口循環流は強化されます。逆に、

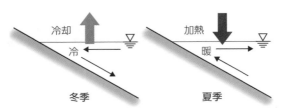

図2-15　水深変化が大きい沿岸の重力循環の季節変化

長く冷却されて浅海域の水温が低下すると河口循環流とは逆向きの重力循環が発生します。河口循環流がある場合、これは弱められます。また、コリオリ力が働く場合は流れが偏向し、例えば琵琶湖では加熱期の表層には反時計回りの循環が形成されます。

　冬季には海域全体が海面冷却により浮力を奪われますが、図2-16に示すように、河川水の影響を受ける湾奥や、高温な外洋水の影響を受ける沖合では密度は低く、浮力が維持されます。このため、浮力が維持されない中央部分で沈降が起こり、ここに向かって表層海水が収束して、熱塩フロントが形成されます。海水は底層で発散し、**熱塩フロント**の両側に方向の異なる2つの熱塩循環が発生します。このような熱塩循環は、キャベリング(2-5)により強化される場合があります。河口～熱塩フロント間の距離は、河川水による浮力と海面冷却で

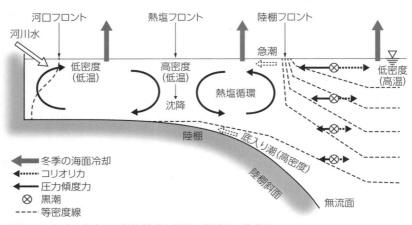

図2-16　冬季に発生する熱塩循環と黒潮の縦断面の模式図

失う浮力との比に比例し、河川流入が大きい場合、水深が深い海域、海面冷却が小さい場合に、より沖側に形成されます。熱塩フロントは、紀伊水道や東京湾の湾口などで観測されています。

　黒潮(図4-1)の流軸は大陸棚よりも沖合に位置し、年を通じて成層化しています。このため、紀伊水道などの沿岸水と黒潮との境界に**陸棚フロント**が形成されます(図2-16)。黒潮は日本列島に沿うように流れていますが、流路の変動や発達した低気圧の通過など何らかのきっかけによって、豊後水道や紀伊水道へ間欠的に流入することがあります。これを**急潮**と呼び、暖水の流入や強い流れの発生など、通常とは異なる状況を引き起こします。また、黒潮の底層には低温で高塩な海水が分布し、この高密度水が海底斜面を這うようにして紀伊水道や豊後水道の底層に流入する場合があり、これを**底入り潮**と呼びます。

　海底地形が急激に変化すると強い鉛直流が発生し、海洋内部の密度境界面に振動が与えられます。このような波動を**内部波**と呼び、その周期が潮汐と一致する内部波を**内部潮汐**と呼びます。

２−８　氷　　結

　海水に溶けている塩類は、海水が氷結する際に排出されます。これにより周囲の海水は塩分が高くなり、これを**ブライン**と呼びます。また固相に溶解しない物質を含むと氷結温度が低下します。この現象は**凝固点降下**と呼ばれ、これにより高塩の海水ほど氷結温度が低くなります。図2-17は塩分に応じた、氷結温度の違いと、最大密度になる水温(2-5)との関係を示しています。両者の傾きは異なり、交点は塩分24.7、水温-1.33℃です。氷結温度の線よりも低温側は氷なので、塩分24.7以上の海水は氷結温度で密度が最大となります。氷結が起こる高緯度域では、海洋から大気に熱が奪われ、海面が冷却されて密度が上昇し、沈降します。これと入れ替わって、より温かく、密度が低い海水が海面に上昇しますが、やはり冷却されて沈降します。海面冷却が継続することで海水の対流が継続され、高密度の海水が深層にまで分布します。冷却の間に徐々

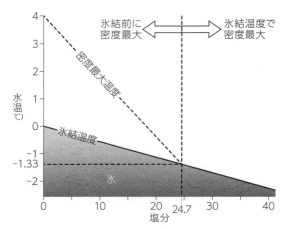

図2-17　密度最大温度と氷結温度の関係

に凍り始めることもあり、ブラインが生じて高塩化することでも高密度化します。一方、塩分24.7以下の海水は氷結前に密度が最大になります。密度最大温度まで冷却される間は沈降しますが、さらに冷却されると密度は低下するため沈降は止まります。海面冷却が継続すると海面が最も冷却され、また低塩分であるほど氷結温度は高いので、海面から氷結し始めます。この時、周辺海水はブラインにより塩分が高くなるため、海面には氷が張って、あるいは浮いて、高塩化した海水は沈降します。このように、極域での連続的な海面冷却によって低温・高塩化して沈降した海水が、コンベアベルトの原動力となっています。

2-9　拡散・分散

　海水中の熱や物質は、流れにより移動、すなわち**移流**すると同時に、**拡散**や**分散**により広がります。拡散としては、分子運動による**分子拡散**と、風や潮流などの擾乱による**渦拡散**、**乱流拡散**が考えられます。

　熱や物質の拡散速度（単位時間に広がる面積）は**分子拡散係数**として表し、一般に熱は10^{-3} cm^2 s^{-1}、物質は10^{-5} cm^2 s^{-1}の桁数です。運動に対しては**動粘性**

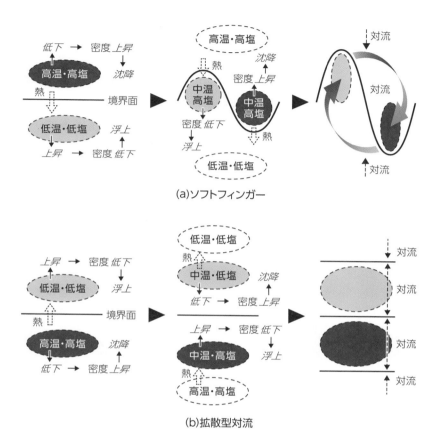

(a)ソフトフィンガー

(b)拡散型対流

図2-18 二重拡散
(a)では、境界面で先に熱拡散が起こり、上層側が冷却、下層側は加熱される。密度は、上層側で上昇、下層側で低下するため、沈降する箇所と浮上する箇所が生じて、境界面に波動が発生する。浮上した下層側の海水は上層側よりも低塩であり、より加熱を受けるため密度が低下して、より浮上する。沈降した上層側の海水は、密度がより上昇して沈降するため、波動が大きくなる。塩拡散により密度は、浮上した下層側の海水では上昇、沈降した上層側の海水では低下するため、浮上や沈降は弱まる。水平的な密度差で対流が生じる。(b)では、境界面で先に熱拡散が起こり、上層側は加熱されて浮上し、下層側は冷却されて沈降する。浮上した上層側の海水は、より上層の低温水に冷却されるため沈降するが、下層側の海水に加熱されて再び浮上する。これが繰り返される対流が生じる。沈降した下層側の海水でも、より下層の高温水による加熱・浮上と、上層側海水による冷却・沈降を繰り返す対流が生じる。

係数として表し、一般に10^{-2} cm^2 s^{-1}の桁数です。熱の分子拡散係数に対する動粘性係数の比を**プラントル数**、物質の分子拡散係数に対する動粘性係数の比を**シュミット数**と呼びます。熱と塩の分子拡散係数に差があり、先に熱拡散が起こることから、**二重拡散**と呼ばれる熱塩対流現象が発生します。海洋の成層状態において、上層側に高温・低塩水が、下層側に低温・高塩水が分布していれば安定状態です。しかし図2-18(a)のように、海面加熱などにより上層側が高塩になると、密度や水温の面では安定であっても、塩分面では不安定になります。境界面では先に熱拡散が起こり、下層側が浮上、上層側が沈降するため境界面に波動が生じます。浮上・沈降した海水と周辺海水との間で熱拡散が起こる、または塩分差により、さらに浮上・沈降して境界面の波動が大きくなり、対流構造が形成されます。このような二重拡散を**ソルトフィンガー**と呼びます。この間に塩拡散も起こるため、この対流はある程度の範囲内で起こり、対流層の上下の境界面で、別のソルトフィンガーが生じます。塩分面で安定であれば、例えば下層側の海水が浮上しても、上層側よりも高塩であるため、より浮上することはありません。一方、海面冷却などで図2-18(b)のように上層側が低温になると、水温面で不安定になります。境界面での熱拡散により、上層側は加熱されて浮上しますが、より上層側が低温であるため沈降します。これを繰り返すことで対流構造が形成されます。このような二重拡散を**拡散型対流**と呼び、やはり対流層の上下に別の拡散型対流が起こります。このため二重拡散では、水温、塩分、密度の鉛直分布が階段状に変化します。

　渦拡散の速さは、熱や物質に対しては**渦拡散（うずかくさん）係数**、運動に対しては**渦動（かどう）粘性係数**で表し、渦拡散係数に比べ渦動粘性係数の方が大きいです。水平渦拡散係数や水平渦動粘性係数は擾乱の規模や強さによって異なるため、10^1 〜 10^8 cm^2 s^{-1}と大きな幅があります。鉛直渦拡散係数や鉛直渦動粘性係数は、成層状態と水平流速の鉛直シアに依存し、概ね10^{-1} 〜 10^1 cm^2 s^{-1}の桁数です。"水平流速の鉛直シア"とは、水平流速が鉛直方向に勾配を持っていることを意味します。鉛直渦拡散係数や鉛直渦動粘性係数の推定式の多くは、リチャードソン数R_iの逆数の関数で表されます。R_iは以下の式で

表される無次元数です。

$$R_i = -\frac{g}{\rho}\frac{\partial \rho / \partial z}{(\partial U / \partial z)^2} \tag{2-5}$$

ここで、ρ は海水の密度、U は水平流速です。鉛直方向の密度勾配が大きい時、すなわち成層化していると、R_i は大きく、鉛直渦拡散は小さくなります。また水平流速の鉛直シアが大きい時、すなわち乱流が大きいと、R_i は小さく、鉛直渦拡散は大きくなります。さらに流れにシアがあると、図2-19のように輸送距離に差が生じ、これに対して渦拡散が起こるため、流れの方向により大きく広がります。これを**分散**と呼びます。流れにシアがない場合は輸送距離に差が出ないため、全体に流されながら渦拡散により周辺に一様に広がります。

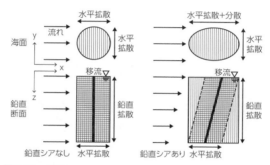

図2-19　分散
　上図は海面(x－y平面)、下図は鉛直断面(x－z断面)で、x方向に流れがある場合を考える。左図は流れの鉛直シアがない場合、右図は鉛直シアがある場合である。流れにシアがなければ、物質は移流により深度によらず同じ距離輸送されるが(太線)、シアがあると深度により移流距離が異なり、物質の鉛直分布が傾斜する。物質は水平渦拡散により、x方向、y方向とも、そしてシアのあるなしに関わらず、周辺に同等に拡散する。鉛直渦拡散は、水平移流と渦拡散で物質が広がった範囲で起こるため、x方向の鉛直渦拡散の範囲は流れの鉛直シアがある場合の方が、ない場合より広い。結果的に海面では、y方向には渦拡散で広がり、x方向にはこれに分散が加わって、x方向を長軸とする楕円状に広がる。

2 – 10　物 質 循 環

　生物の成長に必要な塩類を**栄養塩**と呼びます。海洋では特に、窒素(N)、リン(P)、珪素(Si)の化合物で、溶存無機態である硝酸塩(NO_3^-)、亜硝酸態塩(NO_2^-)、アンモニウム塩(NH_4^+)、リン酸塩(PO_4^{3-})、及びケイ酸塩(SiO_3^-)を指します。植物プランクトンの増殖にはさまざまな塩類が必要ですが、必要量に比して海水中のこれらの現存量は他の物質に比べて少ないため、光合成を律速します。このうちSiは、NやPに比べ現存量が多いため、多くの場合NかPが律速因子となります。深層水や植物プランクトン体内では概ねC：N：P＝106：16：1で一定で、このモル比を**レッドフィールド比**と呼びます。海水中のN/P比をレッドフィールド比と比較して、NとPのどちらが、より光合成を律速するかを推定することができます。

　元素は海中で、生化学的な過程により図2-20に示すようなさまざまな形態に変化しながら存在すると考えることができ、これを**物質循環**と呼びます。栄養塩は、光合成によって植物プランクトンに取り込まれることにより有機化されます。これを**基礎生産**や**一次生産**と呼びます。そして動物プランクトンや、さらに高次生産者に捕食されて、一部は海域の外に出ます。多くは海域内に留まり、デトライタス(死骸や排泄物などの粒状有機物)となって、微生物により分解されて栄養塩に戻ります。Nの一部は、N_2、N_2O、NH_4などの気体にもなります。元素は、大気や海底、陸域、隣接海域と対象海域との間でも交換されています。

　隣接海域との交換としては、移流と拡散(2-9)が考えられます。外洋での物質循環に寄与する海水の移流としては、海流(4-1)、湧昇(4-3)、深層循環(2-6)が挙げられます。内湾で最も卓越する流動は潮流(3-3)ですが、物質循環にとっては残差流が重要です。**残差流**とは、流動を潮汐周期で積分して得られる平均流で、これには吹送流(4-2)、密度流(2-7)、及び潮汐残差流(3-6)が含まれています。潮流は線形的な往復運動ですが、現実の流動において海水は図2-21のように元の場所には戻りません。海水は潮流で往復しながらも、風や密度差、地

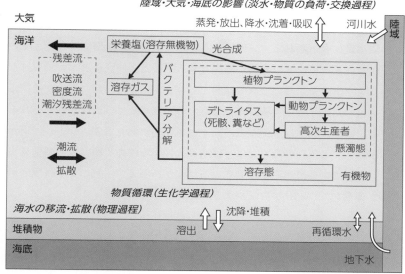

図2-20　海洋の物質循環と境界過程

形などの影響を受けて軌道が移動して行きます。潮汐周期よりも長い時間においては、残差流により移流すると捉えられます。

　移流と拡散以外の海域内への物質供給過程としては、河川水を通じての負荷、降水による湿性沈着やエアロゾルによる乾性沈着、海底堆積物からの溶出、海底地下水の湧出に伴う負荷などが考えられます。溶出は堆積物中と海水中の物質濃度の勾配による拡散現象、湧出は地下水水頭圧の水平勾配による移流現象です。深海で見られるマリンスノーは、デトライタスが海底に沈降する様子です。これら有機物が水中で分解された

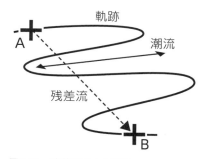

図2-21　残差流による移流
　例えば、Aの位置にあった海水や物質は潮流により往復するが、1潮汐周期後にAには戻らない。2潮汐周期後にBの位置に達する時、AからBへ残差流で移動した、と捉える。

り、海底に堆積して分解され溶存態となって溶出したりすることで、海洋底層
の栄養塩濃度は高いです。鉛直混合や湧昇により栄養塩が有光層に輸送される
と、基礎生産に利用されます。底層からの栄養塩供給が基礎生産を支えている
海域では、光合成に必要な光量が確保できる躍層と表層混合層との境界付近で
植物プランクトン量が最大になる傾向があります。また、鉛直混合が活発にな
るほど底層からの栄養塩供給が多くなるため、表層では、成層が強化される夏
季よりも、春季や秋季に基礎生産が高くなる傾向があります。一方、河川から
栄養塩が流入する河口の近くでは、淡水流入による浮力で海洋表層に栄養塩が
留まり、表層での基礎生産が活発になる傾向があります。特に夏季は成層が強
いため、赤潮(コラムB)が形成される場合があります。

2－11　海　中　音

　音波は電磁波や放射に比べ水中では吸収されにくいので、海中での物理量の
計測に多用されています。音波は波動の一般的な性質を持っています。高周波
数の波は減衰、指向性、分解能が大きいため、狭く直線的に伝播して、細かく
探知することができます。低周波数の波は、荒く拡散しやすいですが、広角で
探知することができます。

　海中音速は約1,500 m s^{-1}で、空中音速の約5倍程度です。海中音速は、水温、
塩分及び水圧の関数で表されますが、さまざまな式が提案されています。音速
に与える塩分の寄与は小さく、塩分を35として求めると概ね図2-4(c)の鉛直分
布となります。圧力の変化に対して音速は、深度換算で1,000 mあたり約
16 m s^{-1}変化します。表層混合層では水温は概ね一定のため、圧力の上昇に伴
い音速はやや上昇します。水温躍層では、圧力は上昇しますが、水温の低下に
より音速は大きく減少します。例えば水温が20 ℃から5 ℃に低下すると、音
速は約50 m s^{-1}減少します。深度約1,000 mで音速は最小になり、深層に向け
て圧力の上昇により音速は増加します。音速が小さくなる層を**音速極小層**、
SOFAR(Sound Fixing and Ranging)チャンネル、**Sound　Channel**などと呼

びます。

　図2-22に示すように音波は、音速がより遅い領域(C_2)に向かって進むと、ほとんどが屈折しながら音速が遅い領域へ入射します。この時音波は、次式に示す**屈折の法則**に従います。

$$\frac{\sin\theta_1}{\sin\theta_2} = \frac{C_1}{C_2} = \frac{\lambda_1}{\lambda_2} = n_{12} \tag{2-6}$$

ここで、θ_1は入射角、θ_2は屈折角、Cはそれぞれの領域での音速で、$C_1 > C_2$です。λはそれぞれの領域での音波の波長、n_{12}は屈折率です。逆に、音速が遅い領域から早い領域に向かって音波が進む場合、入射角が臨界角を超えると音波は全反射します。この結果、音波は音速極小層に集まりやすく、振動しながら数千kmを伝播します。クジラやイルカなどの海洋動物は、この性質を利用してコミュニケーションを取っていると言われています。また、音速から逆算して水温分布を求める音響トモグラフィーや、海中での捜索や監視などでもSOFARチャンネルは利用されています。

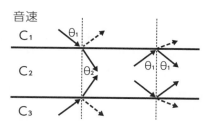

図2-22　音速極小層での音波の屈折
　各層の音速の大小は、$C_1 > C_2 < C_3$。

〈復習ポイント〉

第2章

(1) 海中での可視光の動態と、海色（2-1）

(2) 海中光量の鉛直分布の式、基礎生産に関連する深度の定義（2-1）

(3) 海面水温の空間分布と、海面熱収支、地形、海流（2-2、1-4、1-2、4-1）

(4) 水温、塩分、音速の鉛直分布（2-2、2-4、2-11）

(5) 熱帯域の水温の空間分布、ENSO（2-2、2-3）

(6) 塩分の定義（2-4）

(7) 表層塩分の空間分布、各大洋の水収支と塩分（2-4、1-5）

(8) 密度の定義、T-Sダイアグラムによる水塊の解釈（2-5）

(9) 水塊の空間分布と、水温と塩分の空間分布（2-5、2-2、2-4）

(10) 深層循環と、水塊の分布（2-6、2-5）

(11) 河口循環流の強さに関わる要素（2-7）

(12) 沿岸海域に現れるフロントや密度流の成因、構造、出現時期、分布（2-7、3-7）

(13) 塩分の違い毎の海水の氷結過程（2-8）

(14) 分子拡散、二種類の二重拡散のプロセス（2-9）

(15) 渦拡散、鉛直渦拡散に寄与する要因、分散（2-9）

(16) 残差流による物質輸送（2-9、2-7、3-6、4-2）

(17) 物質循環過程（窒素・リンの形態変化）（2-10、2-1、コラムB）

(18) 音速極小層の形成（2-11）

─── **コラムB　生態系に起因するマリンハザード** ───

　海洋生態系の各栄養段階の生物量を比較すると（図B-1）、第一栄養段
階である基礎生産者が圧倒的に多いです。植物プランクトンは高次生産者
を支えていますが、大量発生することで赤潮を形成すると、さまざまな環
境問題を引き起こします。漁業や生態系に悪影響を及ぼす植物プランクト
ンの増殖をHAB（Harmful Algal Bloom；有害・有毒藻類ブルーム）と呼
び、養殖魚介類のえらに詰まるなどしてへい死させる、栄養塩の大量消費
で海苔の品質を低下さる、などが問題になっています。また有毒種を捕食
した二枚貝などの濾過捕食者が毒を蓄積して貝毒が発生すると、出荷停止
や潮干狩りの禁止の措置がとられます。植物プランクトンが枯死したのち、
有機物は分解されますが、その際に酸素が消費されます。特に海底には有
機物が堆積するため、大量の有機物が分解されると溶存酸素濃度が極めて
低い貧酸素水塊を形成することがあります。有機物生産と分解が活発で成
層が発達しやすい夏季は、貧酸素水塊が形成・維持されやすい環境にあり

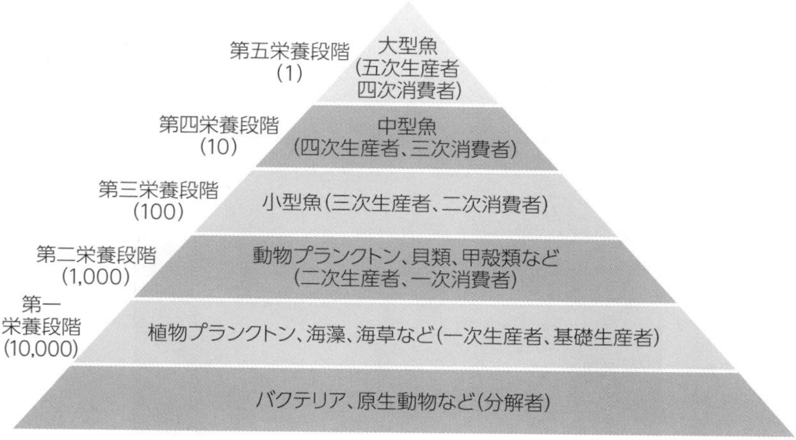

第五栄養段階
（1）　　　　大型魚
　　　　（五次生産者
　　　　四次消費者）

第四栄養段階
（10）　　　中型魚
　　　（四次生産者、三次消費者）

第三栄養段階
（100）　小型魚（三次生産者、二次消費者）

第二栄養段階
（1,000）　動物プランクトン、貝類、甲殻類など
　　　　（二次生産者、一次消費者）

第一
栄養段階
（10,000）　植物プランクトン、海藻、海草など（一次生産者、基礎生産者）

バクテリア、原生動物など（分解者）

図B-1　海洋生態系のピラミッド
　数字は、第五栄養段階を1とした時の各栄養段階の生物量で、1段階上がる毎に10倍と
なる。バクテリアは有機物を分解する分解者だが（図2-20）、微生物ループ（微生物を中
心とする物質循環）においては生産者としても振る舞う。

ます。また貧酸素水塊中では、嫌気性の硫酸還元菌が硫酸イオンを還元することで硫化水素を発生させます。貧酸素水塊と硫化水素は、底生生物の生息に悪影響を及ぼします。硫化水素が湧昇などにより酸素に触れると、酸化されてコロイド状の硫黄が生成され、漁業被害や悪臭を引き起こします。この変化において海水が乳青色や乳白色などに変色し、これが海面で起こると青潮として認識されます。

　このような一連の問題は、海水中の栄養塩濃度が非常に高くなる「富栄養化」によって引き起こされます。日本でも高度経済成長期に問題となり、1970年に水質汚濁防止法が制定されました。その後、例えば瀬戸内海では1973年に瀬戸内海環境保全特別措置法が制定され、陸域からの窒素やリンの負荷を削減する総量規制が行われて、瀬戸内海の栄養塩濃度や赤潮発生件数は低下しました。富栄養化は解消されましたが、同時に漁獲高も低下し、2000年代に入り瀬戸内海の貧栄養化が問題となっています。

　国の発展途上では環境悪化が起こりがちで、かつての日本のような問題が起こっている海域は現在も世界中にいくつもあります。図B-2は、毎年タイ湾で大規模に発生する夜光虫のグリーン・ノクチルカで、海面を緑色

図B-2　プランクトンネットによるグリーン・ノクチルカ
　の採取
　緑藻と共生することで夜光虫（ノクチルカ）が緑色になる。

に染める熱帯・温帯で見られる現象です。生態系に起因するマリンハザードは、その背景となる人間活動や自然環境が複合的に影響します。今後は、地球温暖化に伴う水温上昇や海洋酸性化の影響が顕在化する可能性があります（1-4）。生態系に起因するマリンハザードとその影響は、その時々の海域毎の事情に応じて多面的に検討する必要があります。

第3章　潮　　汐

3-1　起　潮　力

　図3-1のように海面は、周期性を持ってゆっくりと昇降運動を行っています。ニュートンはこのような運動を生じさせる力を、天体間の静力学的な平衡状態で説明しました。このような運動を**潮汐**、潮汐を引き起こす力を**起潮力**、これを説明するニュートンの理論を**静力学的潮汐論**や**平衡潮汐論**と呼びます。潮汐による海面の高さを**潮位**と呼びますが、潮汐と呼ぶ場合もあります。本書で潮汐用語を説明しますが、実用面では慣例的に、あるいは曖昧に、別の意味や別の用語が使用される場合があるので、その場面での言葉の定義を必要に応じて確認してください。

　二天体は図3-2のように軸角を変えず、共通重心を周回する相対的な公転軌道運動を行っています。それぞれの天体の中心で相対運動の慣性力 I と天体の引力 f_o とが釣り合っているため、天体間の距離は平均的には一定に維持されます。この慣性力と天体の引力との合力が起潮力です。周期的な水位変動には気象現象が影響する**気象潮**もあり、これと区別して**天文潮**と呼びます。海水の運動は地形の影響を受けるため、潮汐の周期や位相は場所によりさまざまです。

　地球と天体との共通重心の位置は次式で求められます。

$$M_e \times L_e = M_p \times L_p \tag{3-1}$$

ここで、M_e は地球の質量、L_e は共通重心と地球の中心間の距離、M_p は天体の質量、L_p は共通重心と天体の中心間の距離です。地球と月とを考えると、両天体の質量比 $M_p \fallingdotseq 80 M_e$ から、共通重心は両天体の中心間距離 $R = L_e + L_p$ を $1 / 80$ で内分する所に位置することが分かります。また、地球半径 e に対し $R \fallingdotseq 60e$ であるため、e を基に重心位置を考えると、$L_e = 60e / 81 \fallingdotseq 3 / 4e$ となります。つまり地球と月との共通重心の位置は地球の中心から月の方向に $3 / 4e$

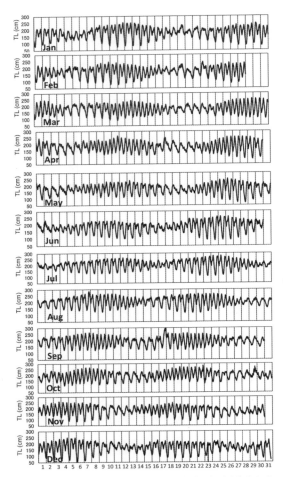

図3-1　神戸大学深江キャンパス内の検潮所で測定された 2017年の潮位
観測基準面(DL)に基づく潮位で、DLは東京湾平均海面 (TP)から-168cm。小潮時期に日周潮が、大潮時期に半 日周潮が卓越し、日潮不等が大きい場合が多い。

離れた場所で、図3-3に示す通り地球の内部にあります。地球と太陽の共通重 心位置は、太陽の中心とほぼ一致します。

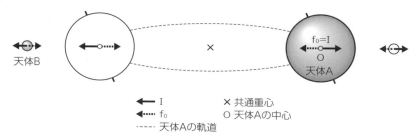

図3-2 二天体間の相対運動
　天体Aは、天体Bとの間の相対運動として、共通重心周りの軌道を公転。天体Aの中心Oにおいて天体Bとの相対運動の慣性力Iと天体Bの引力f_0とが釣り合う。天体Bの中心でも、慣性力と天体Aの引力とが釣り合っている。

　慣性力は地球上のどこにおいても、図3-3に示す通り一定の方向と大きさを持ちます。地球に働く天体の引力は、その天体の方向に働き、天体に近いほど大きくなります。この結果起潮力は、天体が子午線方向、すなわち天頂と天底方向にある所で地球の外側に働き、この時、海面が上昇して満潮となります。天体が地平線や水平線方向にある所では、起潮力は地球の内側に働き、海面が低下して干潮となります。地球は自転しているため、天体の子午線通過は1日に2回起こります。このため理論的には、潮汐現象も1日2周期で起こります。

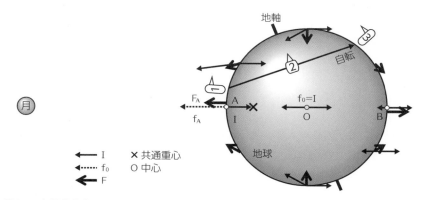

図3-3 起潮力分布
　地球の自転により、天体が天頂(1) の時に満潮 、地平・水平線方向(2)の時に干潮、天底方向(3)の時に満潮、再び地平・水平線方向になった時に干潮(図の向こう面)、天頂方向(1)に戻り満潮になる。

仮に、潮汐が天体の引力だけで起こるなら、天体に近い時に海面が高くなり、1日2周期にはなりません。また、地球の自転による遠心力で赤道付近では多少海面が高くなりますが、この力は常に働いており、潮汐現象のような周期性はありません。

　起潮力の式は以下の方法で導出できます。地球の中心Oにおける単位質量に働く天体の引力f_o(N)は次式で表されます。

$$f_o = G\,\frac{M_p}{R^2} \tag{3-2}$$

ここでGは万有引力定数(N m^2 kg^{-2})です。一方、地球表面の天体に最も近い点Aにおける天体の引力f_Aは次式で表されます。

$$f_A = G\,\frac{M_p}{(R-e)^2} \tag{3-3}$$

点Aでの、その天体に起因する起潮力F_Aは、$F_A = f_A - I$ですが、Oでは$I = f_o$ですので、$F_A = f_A - f_o$です。よって、

$$F_A = \frac{GM_p}{R^2}\,\frac{2Re - e^2}{(R-e)^2} \tag{3-4}$$

ここで$R \gg e$ですので、

$$\frac{2Re - e^2}{(R-e)^2} \approx \frac{2Re}{R^2} \tag{3-5}$$

と近似でき、以下の式が求められます。

$$F_A = \frac{2GeM_p}{R^3} \tag{3-6}$$

3-6式は、質量が大きい天体、地球に近い天体ほど、引き起こす起潮力は大きいことを意味しています。このことから、地球の潮汐に影響を及ぼす天体は月と太陽です。両者を比較すると、太陽の質量は月の約3 × 10^{7}倍で、地球と太陽の中心間距離は地球と月の中心間距離の約400倍です。よって月に起因する起潮力は太陽の約2倍で、質量は軽くても、より地球に近い月の方が影響は大きいです。このため潮位変化の位相は、月の公転周期と同じく約50分 / 日遅れ

ていきます。

3－2　潮位変動

　潮位変動にはさまざまな周期成分が含まれており、それらを**分潮**と呼びます。それぞれの分潮を正弦波で表すと、潮位の時間変動$h(t)$は分潮の重ね合わせとして次式で表せます（気象庁、1999）。

$$h(t) = H_0 + \sum_{i=1}^{n} H_i \cos (\omega_0 + \sigma_i t - \kappa_i) \tag{3-7}$$

　右辺第一項のH_0はその場所の平均水面の高さで、第二項が時間変動を表しています。iは分潮、nは分潮の数です。σ_iは分潮の角速度、すなわち周期性を表しています。ω_0は時間$t = 0$での位相です。κ_iは分潮の遅角で、子午線通過からの時間差で表し、その場所で分潮毎に異なる定数です。η_iは分潮の振幅で、これもその場所で分潮毎に異なる定数です。κ_iとη_iを**調和定数**と呼び、これが分かれば各分潮の時間変動が求められます。天体の軌道運動は規則的で、地形が変わらなければκ_iとη_iはほとんど変化しないため、長期間の実測潮位を調和解析することでκ_iとη_iを求められます。3-7式からは、過去だけでなく、未来の天文潮位の時間変化が得られ、自然現象の中でも高い精度で予測できます。

　分潮には、おおよそ半日周期の**半日周潮**、1日周期の**日周潮**のほか、**倍潮**、**複合潮**、**長周期潮**があり、合計で約60種類の分潮があります。このうち、影響の大きな4つの分潮を**四大分潮**と呼び、これらの合成により潮位変動は概ね説明できます。一般に、半日周潮の**主太陰半日周潮**（M_2分潮、周期12.42時間）の影響が最も大きく、次いで日周潮の**日月合成日周潮**（K_1分潮、周期23.93時間）、半日周潮の**主太陽半日周潮**（S_2分潮、周期12.00時間）、日周潮の**主太陰日周潮**（O_1分潮、周期25.82時間）の順に影響します。

　潮位の日内変化において、潮位が極大になった状態を**満潮**（まんちょう）、又は**高潮**（こうちょう）と呼び、潮位が極小になった状態を**干潮**（かんちょう）、

又は**低潮**(ていちょう)と呼びます。図3-1に示す潮位変動において、潮位変動がおよそ半日の場合と、一日の場合とがあります。潮位変動が一日二周期であることを**一日二回潮**、一日一周期であることを**一日一回潮**と呼びます。同日の二回の満潮・干潮の高さが異なることを**日潮不等**と呼びます。月の公転軌道面(白道面)は地球の赤道面とはずれているため、日潮不等は月が南北回帰線に近い赤緯最大の時に大きく、赤道に近くて赤緯が小さい時に小さくなります。明石海峡、南シナ海、オホーツク海、ジャワ海などでは日潮不等が大きく、瀬戸内海西部や九州西岸などでは小さいですが、これらには地形が影響していると考えられます。高潮と低潮との差を**潮差**と呼びます。これに対し**潮位差**は、異なる地点間の潮位の差を意味します。満潮から干潮に潮位が降下する間を**下げ潮**(さげしお)、干潮から満潮に潮位が上昇する間を**上げ潮**(あげしお)と呼びます。満潮や干潮になるタイミングも、実際には月の子午線通過から時間差があります。月の子午線通過から満潮までの時間差を**高潮間隔**、干潮までの時間差を**低潮間隔**と呼び、これらを総称して**月潮間隔**と呼びます。

　図3-1に示す潮位変動において、およそ2周期の潮差の月内変動が見られます。潮差が大きい状態を**大潮**、小さい状態を**小潮**と呼びます。図3-4に示す通り、新月と満月の時期は月に起因する起潮力と太陽に起因する起潮力とが同じ方向に働き、満潮はより高く、干潮がより低くなり、潮差が大きくなります。半月の時期は、それぞれの天体に起因する起潮力が打ち消し合う方向に働き、潮差が小さくなります。満月や新月から大潮までの日数を**潮齢**と呼びます。潮位は、平均的に夏季に高く、冬季に低い季節変動が見られます。日本では一般的に、夏〜秋にかけて満潮が高くなる傾向があります。これは、水温が高くなって海水が膨張することで起こりますが、台風などの低気圧による海水の吸い上げ、南方からの暖水渦の接近なども影響します。

　潮位は、検潮井戸に検潮儀を設置して計測します。検潮儀には、超音波式(底面や海面からの高さを計測)、フロート式(海面に浮かせ、取り付けたワーヤー長を計測)、水圧式(底面で圧力を計測)などさまざまな種類があります。検潮井戸は海に隣接して設置されており、導管を通じて海水が導入されます。井戸

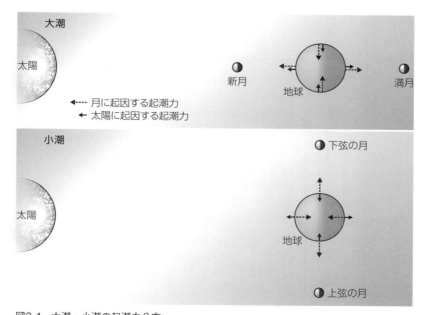

図3-4 大潮・小潮の起潮力分布
太陽と月、及び地球が一直線に並ぶ新月と満月の時期に大潮、太陽−地球と月−地球とが90度をなす位置関係となる半月時期に小潮になる。

の底面など、何らかの**観測基準面**を設定して潮位を計測します。気象庁では観測基準面を DL(Datum Line)と表します。気象庁や海上保安庁は、各検潮所で計測された潮位を用いて平均値と調和常数を求め、日本のさまざまな地点・海域の1年間の予測潮位を求めて、気象庁は**潮位表**を、海上保安庁は**潮汐表**を刊行しています。潮位の基準は図3-5にように定められており、潮位表では**潮位表基準面**を基準としています。潮汐表では**最低水面**(DL；Datum Line)が基準面で、**基本水準面**(CDL；Chart Datum Level)、**略最低低潮面**(ほぼさいていていちょうめん)とも呼ばれ、これは水深の基準でもあります。潮位の基準の名称はさまざまですが、いずれもその海域の**平均潮位**(MSL；Mean Sea Level)から四大分潮の振幅の和だけ下がった高さです。平均潮位は気象庁の用語で、海上保安庁が用いる**平均水面**(MSL)、国土地理院が用いる**平均海面**は同

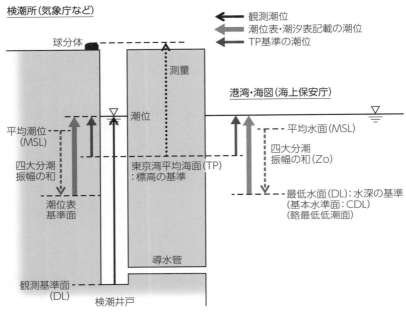

図3-5 潮位の基準
　略語表記の**DL**は、気象庁と海上保安庁では意味が異なる。

義です。振幅は、潮位変動を正弦波で表した時の潮差の1/2、すなわち平均海面からの満潮や干潮の高さです。平均海面は潮汐や波浪などによる海面変動がない状態の海面で、長期間の潮位計測値を平均することで得られます。潮汐表では、四大分潮の振幅の和をZ_0と表現しています。各海域の平均水面から、そこでのZ_0を引くことは、その海域で概ね潮位が下がりきった状態、水深が最も浅い状態を意味し、潮位表や潮汐表記載の潮位はほとんどの場合で正になります。その場の変動に応じた基準で潮位を表すことは実用的であり、安全側に働きます。絶対的な基準として日本では**東京湾平均海面**(TP；Tokyo peil)が使用されており、日本における標高の基準です。検潮井戸の縁には**球分体**と呼ばれる水準点が設けられており、ここでの標高を測量により求めることで、東京湾平均海面を基準とする潮位に換算することができます。**海抜**も海面からの高

さを表しますが、近隣海面の干潮と満潮の平均値であり、平均海面とは値がや
や異なります。実用上は、津波や**高潮**などに警戒する意図で、同義として使用
されることが多いです。

3-3　潮　　流

　潮汐により海面勾配が生じると、水平方向に周期的な流動が生じます。これ
を**潮流**と呼びます。潮流は、流向と流速とを持つベクトル量です。流向は流れ
て行く方向を指し、例えば"北流"とは南から北へ向かう流れです。一方、波
向きや風向は波や風がやって来る方向を指しますので、例えば"波向きが北"
とは北から南へ伝播する波、"北風"は北から吹く風です。流向を方位角で表
す場合、北を0度として時計回りに360度で表します。海面勾配による流れで
あるため順圧(4-4)で、鉛直方向に一様な流れと考えます。現実の潮流は、地
形の影響や傾圧(4-4)により、鉛直一様にならない場合があります。港湾などで、
干潮から満潮へと潮位を上昇させる潮流を**上げ潮流**(あげちょうりゅう)、満潮
から干潮へと潮位を降下させる流れを**下げ潮流**(さげちょうりゅう)と呼びま
す。進行波(3-5)ではこの定義は当てはまらず、海上保安庁では、潮位が上げ
潮の間に流速が最強となる方向の潮流を上げ潮流、下げ潮の間に流速が最強と
なる方向の潮流を下げ潮流と定義しています。流速が極小になり、潮流の方向
が転じることを**転流**(てんりゅう)と呼びます。**憩流**も同義で、流れが弱くな
ることを意味します。図3-6(a)は**潮流楕円**と呼ばれ、定点を支点として、分潮
毎の潮流ベクトルの先端を結んだ線により分潮の時間変動を表現しており、流
向の変化方向を矢印で表します。楕円の長軸が上げ潮流・下げ潮流の最大流速
と、その時の流向を表します。短軸は転流です。流速の時間変化を図3-6(b)の
ように描くと、最大流速は振幅に該当します。これを**潮流振幅**と呼び、これに
時間を乗じることで一潮汐の間に海水が往復するおおよその距離を推定するこ
とができます。潮流楕円の形状は潮流の時間変化を表現しており、長軸の方向、
最大流速aと転流時の流速bとの比b／aで求められる偏平度、南中時刻から上

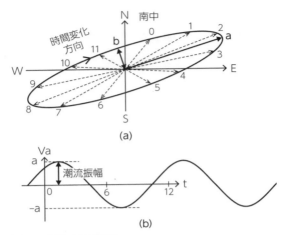

図3-6　潮流の時間変動
　(a)は潮流楕円で、aは長軸、bは短軸の半径。数字は南中からの時間経過で、この例では半日周潮を表しており、潮流の流向が時計回りに変化している。一般には、楕円と、流向の変化方向を示す矢印だけが描かれる。(b)は長軸方向の流速成分V_aの時間変動で、北東流を上げ潮流として描いている。

げ潮流最大までの位相、などで定量化できます。

　瀬戸内海では、上げ潮流が紀伊水道と豊後水道から進行し、備讃瀬戸西部で収束します（図3-7(a)）。ここを境に上げ潮流・下げ潮流が指し示す流向が変化し、備讃瀬戸では西流が上げ潮流ですが、燧灘では東流です。厳密な上げ・下げ潮流の流向は、**潮汐表**で確認できます。3時間後の明石海峡での転流時（図3-7(b)）には、周防灘から西側や紀淡海峡（友ヶ島水道）よりも南では下げ潮流に変化しています。しかし燧灘では上げ潮流が継続し、播磨灘へ進行しているように見受けられます。さらに3時間後（図3-7(c)）には、潮流が備讃瀬戸西部から東西に発散していることが伺えます。

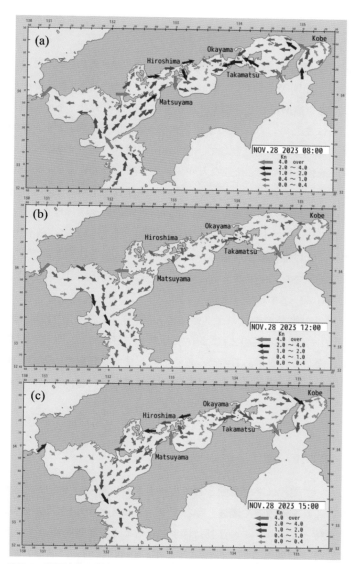

図3-7　瀬戸内海の潮流分布（潮流推算（海上保安庁））
　明石海峡で上げ潮流最強時(a)、転流時(b)、及び下げ潮流最強時(c)の例
として示す。

3-4　潮　汐　表

　海上保安庁が毎年刊行している潮汐表は、SOLAS条約（海上における人命の安全のための国際条約）や船舶設備規程などに基づく法定航海用刊行物です。主な港湾を標準港とし、図3-8(a)の通り、毎日の満潮・干潮の時刻と潮位などが、表にまとめられ、表の下にZ_0の値が記載されています。また、潮流が卓越する地点を標準地点として、図3-8(b)の通り、毎日の転流時刻、上げ・下げ潮流が最強時の時刻と流速などが表にまとめられています。潮流の流速は上げ潮流を＋として表記されており、その流向は表の上に示されています。標準港や標準地点以外の港や地点については、近隣の標準港・地点に対する改正数などの情報が、図3-8(c)(d)の通り表にまとめられています。満潮や干潮時、転流や上げ・下げ潮流最強時以外の、任意時刻での値を比例計算で求めるための係数表も掲載されています。改正の方法や表の利用方法は、事例と共に潮汐表に記載されています。

　標準港以外の港での潮位は、｛（標準港の潮位）－（標準港のZ_0）｝×（求める港の潮高比）＋（求める港のZ_0）により求めます。潮高比は、平均水面を基準にした潮位に乗じる必要があるため、Z_0を加減します。任意時の潮高を求める表は低潮を元に、任意時の流速を求める表は最強時を元に算出する係数が示されているので、引数に注意する必要があります。

3-5　潮　汐　波

　定点において潮汐は潮位変動として現れますが、潮汐の波動は空間的に伝播しており、これを**潮汐波**や**潮波**と呼びます。潮汐波は**ケルビン波**と呼ばれる波動の特性を持っており、その伝播は図3-9(a)のような**等潮時線**の分布図で表現できます。等潮時線とは同じ時刻に同じ潮汐の状態（例えば満潮）になる場所をつないだ線で、**無潮点**から放射線状に延び、M_2分潮の場合は12時間で一周します。北半球では岸を右に見るように伝播し、南半球では左に見るように伝

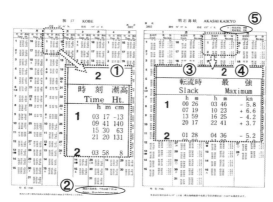

(a) 標準港の潮位　　　　　　(b) 標準地点の潮流

番号	地名	位置 Position		改正数 Corr		平均高潮間隔 M.H.W.I.	平均低潮間隔 M.L.W.I.	大潮升 Sp.R.	小潮升 Np.R.	平均水面 M.S.L.
No.	Place	緯度 Lat.	経度 Long.	潮時差 Diff.	潮高比 Ratio					(Z_0)
		N.	E.	h m		h m	h m	m	m	m
				(標準時 S.T. : 9hE.)						
	北泊ノ瀬戸 Kitadomari-no-Seto			標準港：神戸 on Kobe p.133						
301	堂 ノ 浦 Donoura	34 13	134 35	+0 10	1.02	7 33			1.4	1.0	0.90
302	†北 泊 Kitadomari	34 14	134 35	+2 10	0.77	7 33			1.4	1.0	0.90

(c) 標準港以外港の潮位に関する改正数

番号	場所	位置 Position		流向 Dir (True)	潮時差 Diff.		流速比 Ratio	人潮時の減速 Spring Vel.	
No.	Place	緯度 Lat.	経度 Long.		転流時 Slack	最強時 Max.		平均 Mean	最大 Max.
1221	大 阪 湾	標準地点：明石海峡 on Akashi Kaikyo p.283							
	函本沖灯浮標の北東方約7.5M	34 26.6	135 6.8	041	+0 15	−0 5	0.1	0.7	1.0
				221	−0 35	−0 5	0.2	0.9	1.3
1222	平磯灯標の東南東方約9.5M	34 34.3	135 14.8	295	転流せず	+1 10	0.6	0.2	0.3
				115	転流せず	+1 10	0.6	0.2	0.5
1223	仮屋港南防波堤灯台の東方約2.7M	34 30.5	135 2.5	41	+0 45	−0 5	0.2	1.0	1.4
				226	−0 55	−0 5	0.1	0.5	0.6
1224	平磯灯標の南東方約4.0M	34 34.0	135 6.6	307	+2 25	+1 10	0.1	0.5	0.9
				144	−0 5	+1 10	0.4	1.8	2.0

(d) 標準地点以外の地点の潮流に関する改正数

図3-8　潮汐表（海上保安庁）記載事項

①は、標準港の高潮・低潮の時刻と潮高。②は、標準港の Z_0。③は、標準地点の転流時刻。④は、標準地点の潮流最強時の時刻と流速。⑤は、流向の符号。⑥は、標準港以外の場所の、標準港の潮位に対する改正数。⑦は、標準港以外の場所の Z_0。⑧は、標準地点以外の場所の、標準地点の潮流に対する潮時差。⑨は、標準地点以外の場所の、標準地点の潮流に対する流速比。⑩は、標準地点以外の場所の上げ潮流（上段）、下げ潮流（下段）の流向。標準港以外の港の潮位は、①の時刻に⑥の潮時差を加え、②により標準港の平均水面基準の潮位を求め、これに潮高比を乗じ、これを⑦で潮位を潮汐表基準面基準に変換する。標準地点以外の場所の潮流は、③と④の時刻に⑧を加え、④の流速に⑧を乗じる。

播する場合があります。等潮時線間を進行する速度は、潮汐波の位相が伝播する**位相速度**であり、潮流の流速ではありません。無潮点とは潮差が0、つまり潮位変動がない場所です。ここを中心として同心円状に広がる線は**等潮差線**で、潮差が同じ場所をつないだ線です。無潮点から外側に向かって潮差が大きくなり、外縁となる沿岸、多方向から潮汐波が伝播する大西洋の赤道域やインド洋中央部などでは潮差が大きくなります。日本近海では、図3-9(b)に見られる通り、対馬海峡に無潮点があり、潮汐波は九州北部から中国地方に向けて伝播します。

　日本列島の太平洋側では北から南に潮汐波が伝播し、紀伊水道と豊後水道とを通じて瀬戸内海に進行します(図3-9(c))。豊後水道へは紀伊水道よりも遅れて潮汐波が侵入しますが、紀伊水道からの潮汐波は明石海峡で遮られ、ここを通過する頃に豊後水道からの潮汐波は、来島海峡まで到達します。両水道から進入した潮汐波は備讃瀬戸西部で合成されます。M₂分潮が両水道から進入し

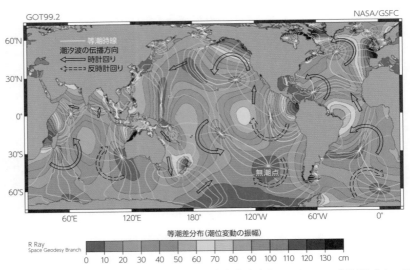

図3-9(a)　全海洋のM2分潮分布の等潮時線、等潮差分布(Tidal Patterns(NASA Scientific Visualization Studio)に加筆)

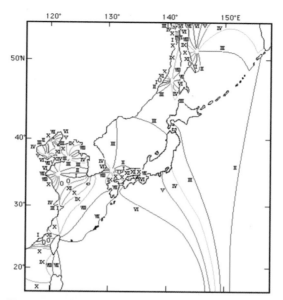

図3-9(b)　日本近海の等潮時図（潮汐表（海上保安庁（原著：
　　　　小倉、1933）））
　　　　ローマ数字は135Eで月が南中してから満潮までの時間(h)。

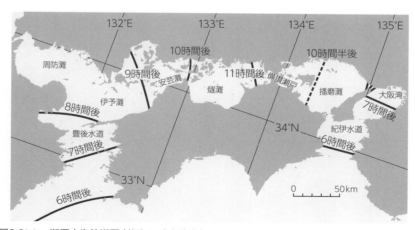

図3-9(c)　瀬戸内海等潮図（柳（1982）を改変）
　　　数字は、明石で月が南中してから満潮までの時間(h)で、数値シミュレーションによる結果。

て備讃瀬戸西部に達するまでに5時間程度を要するため、備讃瀬戸が満潮の頃、両水道の潮位は干潮に近づいています。鳴門海峡は狭くて水深が浅いため、潮汐波の進入が阻まれます。鳴門海峡を挟んで播磨灘と紀伊水道との間には最大150 cmの潮位差が生じます。大きな潮位差と断面積の狭さにより、鳴門海峡では強い潮流が発生します。流れが岬にぶつかることで渦が発生し、それらが連なるように下流へ流れながら合体して、大きな渦潮になります。渦では下降流になっていますが、海底の起伏により上昇流も生じており、そのような海面は滑らかに盛り上がっています。

　潮汐波が、障壁なく進行できる**進行波**の場合、図3-10(a)のように潮位と潮流とは同位相で時間変化します。上げ潮流の間は平均潮位より高く、満潮で上げ潮流が極大となります。転流時に平均潮位となり、下げ潮流の間は平均潮位より低く、干潮で潮流が極大となります。一方、**定在波**では図3-10(b)のように、潮流に対して潮位の位相は$\pi/2$遅れて変化します。定在波（定常波）とは図3-11のように、進行する長波(5-4)が、それとは逆向きに進行する波動と重ね合わされることで、あたかも進行せずその場で自由振動しているように見える波動です。進行してきた潮汐波は港湾の奥で反射し、入射波と反射波が重複して定在波となります。上げ潮流の間は港に海水が流入して上げ潮となり、満潮

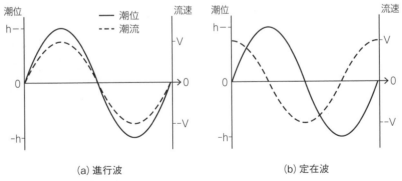

（a）進行波　　　　　　　　　　（b）定在波

図3-10　潮位と潮流の時間変化の位相差

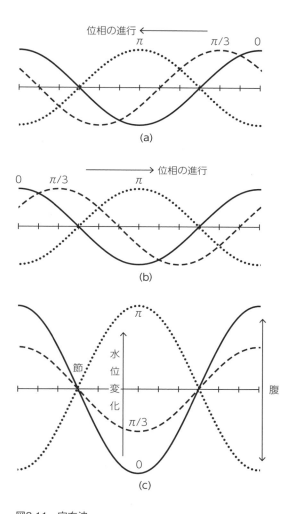

図3-11 定在波
　←は時間経過(0 → π/3 → π)の方向を表す。
(a) 一方から潮汐波が伝播し、時間経過と共に満潮位置が
移動する(位相の進行)。(b) 湾奥などで反射した反射波、
あるいは(a)とは反対方向からの潮汐波が伝播する。(c)
各場所において(a)と(b)が重ね合わされ、節では水位は
変わらず、腹では単振動しているように見える。

で転流して、下げ潮流の間は海水が流出して下げ潮となります。平均水位の時に、潮流が極大になります。紀伊水道や豊後水道で潮汐波は進行波の性質を持ち、潮位と潮流の位相は近いですが、両者が重複することで定在波に変化します。明石海峡付近が節となり潮差が小さく（最大で1.5 m程度）、備讃瀬戸が腹となり、それより西部では潮差は大きいです（最大で3.5 m程度）。定在波は、ある固有周期を持つ**副振動**として潮位変動に加わります。副振動は主振動である潮汐に対する言葉で、個々の海域が持つ固有振動と、長周期波や長周期重力波（図5-1）などが共鳴する振動現象です。津波や気圧変化に伴う**セイッシュ**や**あびき**も副振動の一種です。

3－6　潮汐残差流

　潮流は周期的な往復運動ですが、地形や海水の粘性により往復運動から渦が切り離されます。潮流を平均して残る流れを**潮汐残差流**と呼び、残差流(2-10)の成分の一つです。潮汐残差流は渦度の時間変動で表され、成因は4つ考えられます。一つ目は、水柱の伸縮による渦度(4-5)です（図3-12(a)）。緯度変化が無視できる範囲では、潮流による海水の移動において、浅い海域へ移動すると時計回りの渦が発生します。この渦度は、コリオリ力に比例する関数で表されます。二つ目は、海底の傾斜で生じる渦度です（図3-12(b)）。海底に傾斜があると、深さあたりの海底摩擦力は水深が浅い方が大きくなります。このため海底傾斜がある所では、海底傾斜方向の流速にシアーが生まれ、水深が深い方から浅い方に向かう回転力が働きます。一つ目と二つ目は水深の変化によりますが、海水の移動方向が異なります。三つ目は海底摩擦による渦度です（図3-12(c)）。二つ目と同じく海底摩擦に関係し、海底に近づくと海底摩擦の影響が大きくなるため、鉛直流速にシアーが発生して渦が発生します。四つ目は地形による渦度です（図3-12(d)）。岬や防波堤などの地形により、水平流速にシアーが発生することで渦が発生します。三つ目と類似していますが、この渦度は水平渦動粘性係数の関数として表されます。

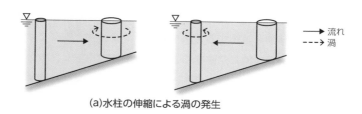

(a)水柱の伸縮による渦の発生

(b)海底傾斜によるトルクの発生　　(c)海底摩擦による渦の発生　　(d)地形による渦の発生

図3-12　潮汐残差流

　これらの渦は、時々の流れによって発生します。図3-13に示す大阪湾の下げ潮流や上げ潮流の海面分布には、小さな渦構造が散見されます。それぞれの地点の潮流ベクトルを25時間平均することで潮汐残差流のベクトル分布が得ら

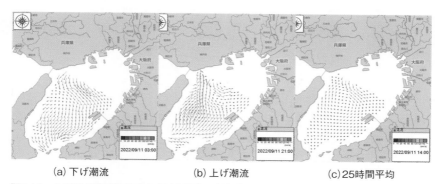

（a）下げ潮流　　　　　　　（b）上げ潮流　　　　　　　（c）25時間平均

図3-13　大阪湾の海面流分布の例（大阪湾・紀伊水道海洋短波レーダ表層流況配信システム（国土交通省））

れ、大阪湾では**沖ノ瀬環流**と呼ばれる時計回りの環流が形成されます。流体や物質の座標の空間移動を追跡する方法を**ラグランジュ法**と呼びます。沖ノ瀬周辺の物質をラグランジュ的に追跡すると、下げ潮流で南下し、上げ潮流に変化する中で淡路島方向へ移動し、上げ潮流で北上して、結果的に沖ノ瀬を周回するように輸送されます。この大きな渦の中心では潮汐残差流が弱いため、沖ノ瀬に物質が堆積して浅瀬を形成しています。空間に座標を固定して、そこでの時間変動を追う方法を**オイラー法**と呼びます。沖ノ瀬の流動をオイラー的に捉えると、図3-6で描くように時間変動をしており、潮流が弱いわけではありません。潮汐周期以上の平均流による物質輸送の結果として、沖ノ瀬が形成されているのです。

3－7　潮汐フロント

　沿岸海域の表層では加熱と淡水流入により密度は低下し、底層には高密度の海水が分布して成層化し、特に加熱の強い夏は成層化しやすい状態にあります。一方、風や潮流があると、その運動エネルギーは海面摩擦や海底摩擦により成

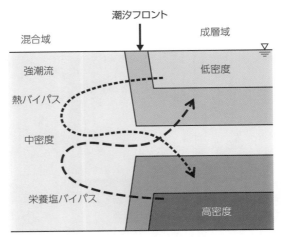

図3-14　潮汐フロント周辺の成層・混合構造

層を破壊するエネルギーに転嫁され、海水は鉛直混合します。海峡部には強い潮流が存在し、混合状態にあります。混合された水塊は成層域の表層水よりも密度が高く、成層域と混合域の境界に図3-14のような鉛直構造を持つ**潮汐フロント**が形成されます。混合域の水塊は成層域の底層水よりも密度が低いため、成層域へ輸送される際には中層へ貫入します。混合層を通じて、成層域表層の熱が中・底層へ輸送されることを**熱バイパス**、底層の高栄養塩水が中・表層へ輸送されることを**栄養塩バイパス**と呼びます。成層域では熱や物質が鉛直拡散しにくい状態にありますが、混合域を経由することで熱や物質が輸送されます。瀬戸内海は海峡部と湾・灘部がいくつも連なっており、この構造が高い生物生産を支えています。

　成層が破壊されて水柱が伸びると、重心位置が上昇して位置エネルギーが増加します。水温と塩分の変化による位置エネルギーE_pの変化は、簡略化して次式で表せます。

$$\frac{dE_p}{dt} = \frac{1}{2}\,g\,(H-h)(\alpha Q + \beta SR) \tag{3-8}$$

ここで、tは時間、Hは水深、hは表層の厚さ、Qは海面加熱、Sは塩分、Rは河川水の供給速度です。αは水温の変化を密度変化に換算する係数と比熱の逆数との積、βは塩分の変化を密度変化に換算する係数と海水密度との積です。一方、潮流や風が摩擦により失う単位面積あたりの運動エネルギーE_kは、簡略化して次式で表せます。

$$\frac{dE_\kappa}{dt} = \gamma\,U^3 + \delta\,W^3 \tag{3-9}$$

ここではUは潮流振幅、Wは風速を表します。$\gamma = 4k_b\,\rho_w\,/\,3\pi$で、$k_b$は海底摩擦係数、$\rho_w$は海水の密度です。$\delta$は海面摩擦係数と海水密度との積です。成層が破壊されて鉛直混合するとは、運動エネルギーが位置エネルギーに変換されることを意味します。その条件は、エネルギー変換率をεとして、$\varepsilon \cdot dE_k\,/\,dt > dE_p\,/\,dt$です。さらに、係数が一定で、成層の形成条件（海面加熱や河川水の供給）が空間的に一様であると仮定し、風がない場合を考え、すな

わち成層破壊は潮流によって起こると考えると、3-8式のQとSに関する項は定数、3-9式右辺第二項は0と扱えます。これらを整理すると以下の通り表され、右辺は定数として扱えます。

$$\frac{H-h}{U^3} > \frac{2\gamma\varepsilon}{g(\alpha Q + \beta S R)} \tag{3-10}$$

Hに比してhが十分に小さければ、H/U^3を指標として成層・混合状態を定数化することができます。この値が小さい時に鉛直混合が発達し、潮流が強ければ成層が破壊されやすく、水深が深いと海底摩擦による擾乱が伝わりづらいため成層が破壊されにくいことを意味します。これの常用対数を取った$\log_{10}(H/U^3)$の瀬戸内海での分布は図3-15の通りです。実際の水温分布との比較から、この値が2.5〜3.0の場所で潮汐フロントが形成されやすいと考えられています。

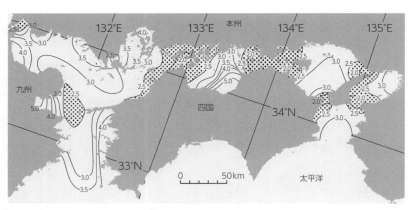

図3-15　瀬戸内海の$\log_{10}(H/U^3)$の分布（Yanagi *et al.*, 1993）
　　　$\log_{10}(H/U^3)$ <2.5の領域をドットで表している。

〈復習ポイント〉

第3章

（1）潮汐関係用語と、これらによる潮汐現象の説明（3-1、3-2、3-3、3-5）

（2）共通重心位置の推定（3-1）

（3）起潮力に関わる力、地球上のそれらの分布、式の導出（3-1）

（4）月・太陽と起潮力との関係（3-1、3-2）

（5）潮位の時間変動式と各項の意味（3-2）

（6）潮汐表による潮位、潮流の算出（3-4）

（7）潮汐波の空間分布、その伝播（3-5）

（8）潮位と潮流の関係、進行波と定在波、瀬戸内海におけるこれらの特徴（3-3、3-5）

（9）潮汐残差流の成因（3-6）

（10）潮汐フロントの形成に関わる要素、瀬戸内海における機能（3-7）

── コラムC　気象現象に起因するマリンハザード ──

　2018年9月4日に台風21号（T1821, Jebi）が、室戸岬から明石海峡を通り、若狭湾に抜ける経路で日本を直撃しました。上陸時点での中心気圧は950hPaで、非常に強い勢力でした。台風の右半円にあたる大阪湾では外洋から侵入したうねりが南風に吹き寄せられ、過去最高の潮位を記録し、臨海部や河川沿いで浸水被害が発生しました。関西国際空港では浸水による設備損傷などに加え、付近に錨泊していた船舶が走錨して連絡橋に衝突した海難もあり、空港の機能が麻痺して数千人が孤立しました。台風は短期間にさまざまな災害を引き起こす危険なマリンハザードで、毎年いくつもの台風が上陸する日本ではさまざまな対策が取られていますが、それでもなお大規模災害を食い止めることは困難です。国土交通省近畿地方整備局港湾空港部は、港湾管理者（地方自治体）や港湾関係団体と共に

(a)13:55 (b)14:14

図C-1 神戸大学深江キャンパスの練習船係留岸壁におけるT1821による高潮・高波の様子（撮影：矢野吉治深江丸船長）
(a)風向が南に変化し、海水が一気に係留岸壁を越流した。高波が南側防波堤に打ちつけ越波している。
(b)最高潮位となり、係留岸壁は見えない。防波堤の全周から越波し、堤内に漂流物が散乱している。

「大阪湾港湾等における高潮対策検討委員会」を設置して、被害の把握と今後の防災について検討を行いました（大阪湾港湾等における高潮対策検討委員会、2019）。臨海部での防潮堤を越える越流や越波による堤内の

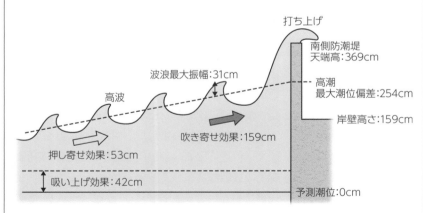

図C-2 T1821により神戸大学深江キャンパス内の港で発生した高潮・高波の要因別内訳
最高潮位偏差（高潮）は、港内の検潮儀で実測した潮位から算出。吸い上げ量は、最高潮位時（14:16）の気圧（970.8 hPa）と標準気圧（1013Pa）との差から算出。波浪の最大振幅（高波）は、港入口で計測した水位と港内潮位の差から算出。港外での最大水位（高潮＋高波）は285cmで、これに加えて1m以上の打ち上げが起こったことで防潮堤を越波したと推測される。

図C-3　T1821による高橋川流域の浸水範囲とハザードマップ（神戸市）の比較
高潮発生時点で、高潮ハザードマップは公開されていなかったため、津波ハザードマップ（最大クラスの津波による浸水想定区域）、大雨などによる河川からの洪水での浸水想定区域、排水能力を超えた内水氾濫による浸水想定区域に、T1821による浸水範囲（大阪湾港湾等における高潮対策検討委員会尼崎西宮芦屋港部会、2019）を重ねた。高潮後に兵庫県が公開した高潮浸水想定区域は（兵庫県、2019）、防潮堤の破壊がある場合とない場合の差が小さく、最大規模の台風を想定すると防潮堤等の施設では防ぐことはできない、とされ、その後防潮堤の嵩上げが実施された。現在ハザードマップは大幅に変更されている。

浸水被害の状況が詳細に調査された他、防潮堤の嵩上げなどの対策が示されました。

　神戸大学深江キャンパス内の港においても、図C-1のような高潮と高波によって防潮堤外の建物一階の浸水、堤内への越波が起こりました（Hayashi *et al.*, 2021、林ら、2022）。高潮は主に気圧低下による海水の吸い上げ効果と、風による吹き寄せ効果により発生します。気圧1 hPaの低下で海水は1 cm吸い上げられます。また、波浪が押し寄せては砕破し、前方へ海水が輸送される Wave setup も起こります。この港に設置されている検潮儀の記録から、高潮の高さ（予測天文潮位からの差）は、図C-2の通り最大254cmでした。これに対して港に設置されている防潮堤の高さは高く、高潮による越流は起こらなかったと考えられます。しかし実際には、防波堤内にも海水が入っています。強風による高波が高潮に加わりますが、これを加えても防潮堤の高さには届きません。防潮堤の越波は、高波が防潮堤に激突することによる打ち上げで生じたと考えられます。またこの高潮では、深江キャンパスの東側にある高橋川を海水が遡上して溢れ、図C-3の赤枠の範囲で浸水しました。津波、洪水、内水氾濫のハザードマップと比較すると、浸水範囲は概ね一致しています。これらハザードの発生原因は異なりますが、いずれも高橋川からの越流による浸水のため、空間分布は概ね捉えられています。

　地球温暖化により台風の強度が増したり、水温上昇により勢力が維持されたりする可能性があり、気圧、風、波浪の全ての面で高潮・高波のリスクが高まる方向にあります。最大規模の高潮は、津波よりも深刻な被害をもたらす可能性があります。水害の視点でハザードを捉え、ハザードマップ（国土交通省 / 国土地理院）により自分の行動範囲が持っているリスクを理解しておくことが肝要です。

第4章　海　　流

4-1　表層海流

　海流とは大洋に存在する定常的な流れであり、ある程度の空間規模で一定方向に流れる帯状の流れです。ここでは海洋表層で形成される**表層海流**について述べます。熱塩循環で駆動される深層循環(2-6)も一種の海流ですが、表層海流は海上風(図1-15)に起因することから**風成循環**とも呼ばれます。潮流(3-3)と同じく、流向は流れて行く方向です。

　ほとんどの表層海流は季節により強さや流軸の位置が多少変化する程度で、おおよその分布は図4-1の通りです。大洋の亜熱帯域には、複数の海流が連なる**亜熱帯循環**が形成されています。これらの循環は北半球では時計回り、南半球では反時計回りです。例えば**北太平洋亜熱帯循環**は、**黒潮**、**北太平洋海流**、**カリフォルニア海流**、及び**北赤道海流**で形成され、時計周りに循環しています。亜熱帯循環の形成には、コリオリ力(1-6)、海上風(1-7)、圧力傾度力(4-4)が関わります。亜熱帯循環を形成する海流のうち黒潮、**メキシコ湾流、東オーストラリア海流**、及び**ブラジル海流**は、大洋の西側の岸沿いに存在する強い流れの海流で、**西岸境界流**(4-6)と呼ばれています。赤道域には、いずれも西流である**北赤道海流**と**南赤道海流**があり、これらは西岸境界流に接続しますが、一部は赤道側に折り返して東流として流れる**赤道反流**を形成します。唯一地球を一周する海流は、**南極環流**や**南極周極流**と呼ばれる南極大陸を周回する東流です。南極環流や、これを起点として低緯度へ流れる海流、北極海方面から低緯度へ流れる海流は、相対的に低温な寒流で、海洋や大気を冷却する効果を持っています。またこれらの海流は相対的に栄養塩濃度が高く(2-10)、これを低緯度海域へ輸送する役割を担っています。低緯度域の海流や低緯度から高緯度へ流れる海流は相対的に高温な暖流で、高緯度海域への熱輸送を担っています。また大気へも熱や水蒸気を供給し、気象や気候に影響を与えます。

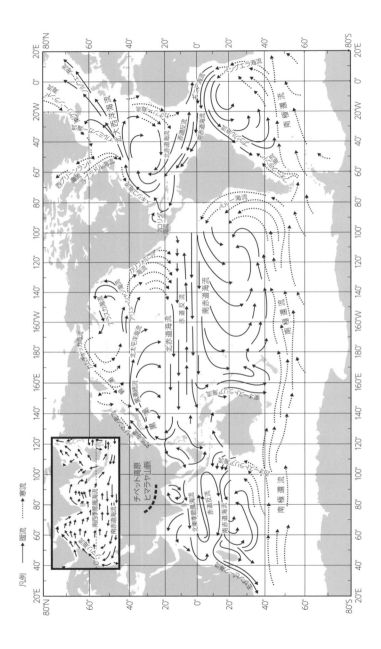

図4-1　表層海流分布

北半球の冬季における分布。インド洋北部及び南シナ海はモンスーンにより風向が大きく変化する。北半球の夏季の分布を左上に示す。

　インド洋北部と東シナ海の海流分布は、チベット高原付近の加熱・冷却による季節風(モンスーン)により、夏季と冬季で大きく変化します。北半球の冬季は、赤道収束帯は赤道よりも南に位置します。チベット高原付近が冷却されて高気圧が形成され、赤道収束帯に向かう北東貿易風が吹き出します。これによりインド洋北部には反時計回りの**北東季節風海流**が形成されます。インド洋の南部には、周年、反時計回りの亜熱帯循環流が存在し、南赤道海流と北東季節風海流の間に赤道反流が形成されます。この北東貿易風はヒマラヤ山脈に遮られるため、インド洋北部の海上風は弱く、海況は穏やかです。一方北半球の夏季は、チベット高原付近が加熱されて大気が上昇し、ここに向かって南半球の南東貿易風が赤道を越え、南西貿易風となって吹き込みます。海上を風が吹き渡ってくるため、インド洋北部の海上は非常に荒れます。この季節風によりインド洋北部には、南西季節風海流が形成され、赤道をまたぐように南赤道海流－ソマリ海流－**南西季節風海流**と接続する時計回り循環が形成されます。**ソマリ海流**は、北半球の夏季にアフリカ大陸沿岸に出現する北流の西岸境界流です。

　図4-2は日本周辺の主な海流の流路です。海上保安庁は日本周辺の日々の海流図を"海洋速報"として公表しています。黒潮の流路は北縁から40 mileの幅を持って描かれていますが、より広い場合もあります。流軸の中でも、最も流速が速い箇所は北縁から13 mile程度の位置にあり、流速は4 knotに達することがあります。黒潮の厚みは200 m程度で、40 ～ 50 Svの海水を輸送しています(Svについては2-6)。黒潮の水温は冬季でも20℃、夏季は30度に達することがあり、塩分は35近くまで達する場合があります。黒潮は名称の由来の通り懸濁物が少なく(2-1)、同時に栄養塩濃度は低いです。黒潮は台湾の東方から東シナ海に入り、南西諸島の西方を北上します。黒潮の主軸はトカラ海峡(種子島・屋久島と奄美大島との間)から太平洋に出て、日本列島の南方を銚子沖まで東進します。そこから日本列島を離れ(これは**黒潮続流**と呼ばれます)、北太平洋海流へ接続します。紀伊半島から房総半島の南方における黒潮の経路は、図4-3に示すようにさまざまに変化します。大きくは**大蛇行型**(A型)と**非大蛇**

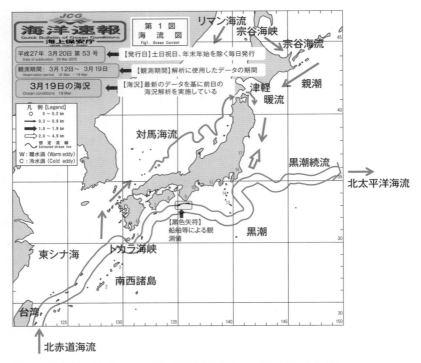

図4-2　日本周辺の海流　（海流図の説明（海上保安庁海洋情報部）に加筆）

行型に別れ、気象庁は、潮岬で黒潮が安定して離岸し、東経136～140度で流路の最南下点が北緯32度以南である場合に、大蛇行と判定しています。海上保安庁は、さらに細かく型を定めています。A型は、八丈島の北を通過するA型（典型的）と、南を通過するA型（非典型的）に分けられています。非大蛇行型は、接岸流路と離岸流路とに分類されています。遠州灘沖から伊豆諸島周辺海域の流路において、南端の緯度、及び八丈島の南北のどちらを通過するかによって分類されています。蛇行には、トカラ海峡周辺の地形変化により発生する渦や流速が関係すると考えられています。大蛇行の状態になると、多くは1年以上持続します。2017年8月に始まった大蛇行は2024年3月時点で継続して

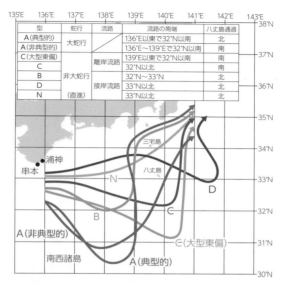

型	蛇行	流路	流路の南端	八丈島通過
A（典型的）	大蛇行		136°E以東で32°N以南	北
A（非典型的）			136°E～139°Eで32°N以南	南
C（大型東偏）		離岸流路	139°E以東で32°N以南	南
C			32°N以北	南
B	非大蛇行		32°N～33°N	北
D		接岸流路	33°N以北	北
N	（直進）		33°N以北	北

図4-3　黒潮の型（黒潮の型（海上保安庁海洋情報部）に加筆）

おり、観測史上最長となっています。大蛇行の目安として、串本と浦神の潮位差が使われています。地衡流である黒潮の流軸が近づくと、水位が高くなり、海面勾配が大きくなります。大蛇行している時黒潮の流軸は潮岬から離れているため、串本と浦神の潮位差は小さいです。黒潮が潮岬に接すると流軸に近い串本の海面がより高くなって海面勾配が大きくなり、浦神との潮位差が大きくなると共に、潮位差の変化が激しくなります。

　黒潮の蛇行の内側には、中規模渦が形成されています。南側に蛇行している場合、蛇行の北側の日本列島との間に相対的に水温が低い**冷水塊**が形成されます。これは反時計回り（低圧性）の冷水渦です。流軸が北側に蛇行している箇所の南側には、時計回り（高圧性）の暖水渦が

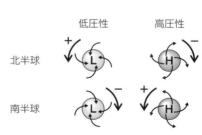

図4-4　高圧性渦と低圧性渦の回転方向

形成されます。渦の回転方向と高圧性、低圧性との関係は、図4-4に示す通り
です。黒潮は傾圧の状態にある地衡流(4-4)で、亜熱帯海域に形成される高圧
部の外縁を流れます。黒潮を縦断する密度の鉛直断面分布は、模式的に図2-16
のように描けます。日本沿岸に比べ外洋は海面が高いですが、日本沿岸に向かっ
ては流れません。圧力傾度力とコリオリ力とがバランスして、黒潮は日本列島
を左に見て流れます。流速は深くなるにつれて弱くなり、圧力傾度力がなくな
る深度で0となります。図4-5は黒潮の実測例です。この時黒潮は、A型(非典
型的)の状態で、137E線での流軸は30 ～ 32 Nにあり、50 ～ 100 cm s^{-1}の東
流が深度200mまで分布していました。137E線での蛇行の北側に低気圧性の
渦が存在し、26 ～ 27 ℃の冷水塊が舌状に分布していました。冷水塊の厚みは、

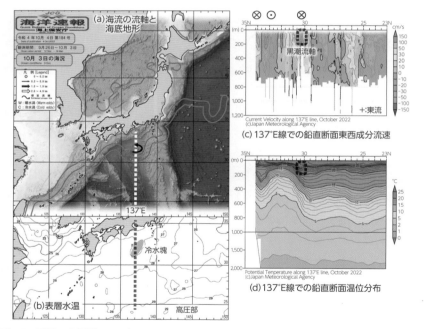

図4-5　黒潮の実測例(2022年9～10月)
　　(a)(b)は海洋速報(海上保安庁海洋情報部)の海流図と海面水温、及び海洋状況表示システム
　　(海上保安庁)による海底地形図、(c)(d)は海洋気象観測船による定期海洋観測結果(日本南
　　方)(気象庁)に加筆。

20 〜 30 m程度です。黒潮流軸の南29 Nでの海面水温は28℃で、黒潮流軸を挟む南北緯度3°で1 ℃の水温差がありました。亜熱帯高圧部に比べ、冷水塊では鉛直的な水温勾配が大きく、水温15 ℃の深度は冷水塊で約100 mに対し、亜熱帯高圧部では約350 mでした。亜熱帯高圧部の表層には、暖水が厚みを持って蓄積し、冷水塊では低温水が下層から湧き出るように分布しています。この時は、冷水塊の北側に高気圧性の小さな暖水渦がありました。

　東シナ海で黒潮の一部が九州西方を北上し、これと東シナ海の沿岸水とが混ざり、**対馬海流**として対馬海峡を通過し、日本海を日本列島沿いに北上します。対馬海流は暖流で、日本海側の気温を高める効果があり、大気へ水蒸気を供給するため、日本海側に豪雪をもたらします。対馬海流の本流は、**津軽暖流**として津軽海峡から太平洋側へ出て**親潮**と合流します。対馬海流の一部は北海道西岸を北上して、宗谷海峡からオホーツク海側へ出て、北海道北岸で**宗谷暖流**となります。これらの暖流は日本の沿岸に沿って流れています。一方、寒流である親潮は、千島列島南岸沿いから北海道東岸沿い、本州東岸沿いを南下します。暖流と親潮との間に、図4-6に示す圧力勾配が生じて、日本列島を右に見て流れる**沿岸境界流**が形成されます。親潮は暖流と混ざり合いながら、最終的に黒

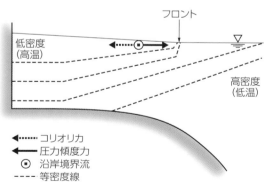

図4-6　沿岸境界流縦断面の模式図
　親潮と日本列島との間に暖流があり、境界にフロントが
　形成される。圧力傾度力は沖向きに働き、これとコリオ
　リ力とがバランスして沿岸境界流が生じる。

潮と合流します。親潮は栄養塩が豊富であるため、暖流との合流によって基礎
生産が活発になるため、銚子〜三陸の沿岸は好漁場となっています。

4−2　吹送流とエクマン輸送

　海上風により海面に摩擦応力が働き、海水の粘性により応力が伝わります。
応力が伝わる範囲を**エクマン境界層**、海上風の応力により生じる流れを**吹送流**
と呼びます。ここでは、岸や海底の影響がなく、吹送流が十分に発達した場合
を考えます。海面での海上風の摩擦応力 τ_a(Pa)は次式で表されます。

$$\tau_a = \rho_a\, C_a\, W_{10}{}^2 \tag{4-1}$$

ここで、ρ_aは大気密度(kg m^{-3})です。C_aは海面での大気の摩擦係数(無次元数)
で、風速の関数で表されます。W_{10}は海面上10 mでの風速(m s^{-1})です。同様に、
海面での吹送流の摩擦応力 τ_wは、海水密度 ρ_w、海面での海水の摩擦係数C_w、
海面での吹送流の流速V_S(m s^{-1})により次式で表されます。

$$\tau_w = \rho_w\, C_w\, V_s^2 \tag{4-2}$$

海上風が十分に連吹し、成熟波(5-2)の状態における海面で$C_a = C_w$と仮定する
と、V_Sは次式で仮定できます。

$$V_S = \sqrt{\rho_a / \rho_w}\, W_{10} \tag{4-3}$$

ρ_aと ρ_wのおおよその比から、V_SはW_{10}の3.5%程度と見積もれます。
　一方、図4-7に示す方向に軸を取り、海面(z=0)でy軸方向に風が吹いて τ_a
が働き、水深が深くなる(z = ∞)と吹送流流速は0になる、との条件で運動方
程式を解くと、任意深度z(m)における吹送流のx方向成分流速u、 y方向成分
流速vは、V_Sの関数としてそれぞれ次式の通り導かれます。

$$V_S = \frac{\tau_a}{\rho_w \sqrt{A_v f}} \tag{4-4}$$

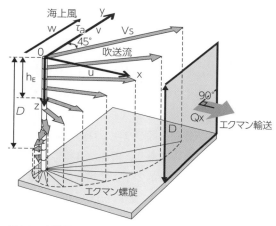

図4-7 　吹送流とエクマン輸送
海面で海上風(風速W)が吹く方向にy軸、垂直方向にx
軸、海面下の方向にz軸を取る。海上風に応力 τ_a が働き、
吹送流が生じる。V_s は海面での流速 。uは任意深度での
流速のx方向成分で、vはy方向成分。h_E は境界層厚さで、
Dは摩擦深度(エクマン層深さ)。Q_x はx軸方向のエクマ
ン輸送量。

$$u = V_S\, e^{(-\frac{\pi}{D} z)} \sin \left(\frac{\pi}{D}\, z + \frac{\pi}{4} \right) \tag{4-5}$$

$$v = V_S\, e^{(-\frac{\pi}{D} z)} \cos \left(\frac{\pi}{D}\, z + \frac{\pi}{4} \right) \tag{4-6}$$

A_Vは鉛直渦動粘性係数($m^2\ s^{-1}$)、fはコリオリのパラメータ(s^{-1})です。Dは**摩擦
深度**(m)で、次式で表されます。

$$D = \pi\, h_E = \pi \sqrt{\frac{2A_v}{f}} \tag{4-7}$$

h_Eはエクマン境界層の厚さ(m)の目安として扱われています。これらの式から、
以下のことが読み取れます。吹送流にはコリオリ力が働くため、流速は低緯度
ほど大きくなります。密度や摩擦、鉛直混合の状態が一定と仮定できる空間で
は、V_S はWに依存します。Dは、鉛直混合が大きいほど深くなり、低緯度ほ

ど深くなります。海面での流向は、風下に向かって北半球では右45°(時計回りに $\pi/4$)の方向、南半球では左45°(反時計回りに $\pi/4$)です。海面より下部の海水は、上部の海水の粘性により動かされて、これにコリオリ力が作用するため、流向は深くなるにつれて北半球では時計回り、南半球では反時計回りに変化します。また流速は、深くなるにつれて指数的に減少します。深度に応じて変化する吹送流ベクトルの先端を平面に投影すると、図4-7に示すような螺旋が描かれ、これを**エクマン螺旋**と呼びます。Dの定義は、吹送流の流向が海面での向きとは逆向きになる深さであり、海面からこの深度までを**エクマン層**(エクマン境界層)とすることが一般的です。吹送流の流速は、$z=h_E$ では V_S/e ≒ $V_S/2.7$ ≒ $0.37\,V_S$、$z=D$ では $e^{-\pi}V_S$ ≒ $V_S/23$ ≒ $0.04\,V_S$ に減少します。

吹送流ベクトルを $z=D$ まで積分したエクマン層全体での体積輸送を**エクマン輸送**と呼びます。4-5式と4-6式から、各軸に垂直なエクマン層断面の海水通過量 Q_x、$Q_y(\mathrm{m^2\,s^{-1}})$ は次式の通り求められます。

$$Q_x = \int_0^D u\,dz = \frac{\tau_a}{f\rho_w}\,,\ \ Q_y = \int_0^D v\,dz = 0 \tag{4-8}$$

4-8式は、エクマン輸送は風下方向には起こらず、北半球の場合は風下に向かって右90°方向に輸送されることを意味しています。南半球では左90°方向に輸送されます。輸送量は風速に依存すると共に、低緯度ほど大きくなります。エクマン輸送が起こっている水平距離を乗じることで、単位時間あたりの海水輸送量が求められます。

貿易風と偏西風によるエクマン輸送で図4-8に示すように海水が収束し、海面が高い高圧部が形成されます。表層の暖水が収束するため、熱膨張によっても海面は高くなります。同時に、エクマン層の下部へ海水が押される**エクマン沈降**が起こります。図4-8は北半球を表していますが、南半球でも同様に高圧部が形成されます。赤道の南北には、いずれも東寄りの貿易風が吹いており(図1-15)、赤道ではコリオリ力(1-6)の方向が逆転するので、図4-9に示すように、北半球でも南半球でも赤道から離れる方向にエクマン輸送が起こります。このため赤道域では、エクマン層よりも下部から**赤道湧昇**により海水が補われます。

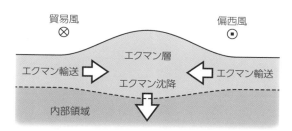

図4-8 北半球におけるエクマン輸送による高圧部の形成
(東側から見た鉛直断面)

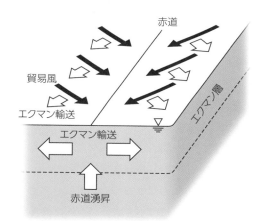

図4-9　赤道湧昇

　沿岸では、北半球の場合、図4-10に示すように岸を左に見て風が吹くと、沖に向けたエクマン輸送が起こります。このため沿岸では、エクマン層よりも下部から**沿岸湧昇**により海水が補われます。逆に、岸を右に見て風が吹くと、沖から岸に向けたエクマン輸送が起こり、**沿岸沈降**が生じます。湧昇や沈降により表層の成層状態が変化し、湧昇は下層の低温水や高濃度の物質を表層へ輸送する役割を担っています。

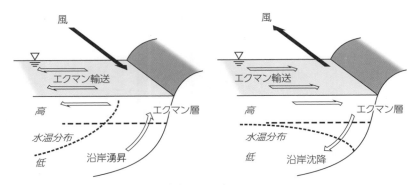

図4-10　北半球における沿岸湧昇・沈降

4－3　地　衡　流

　高圧部では、海面勾配による**圧力傾度力**が高圧部から外側に向かって働きます。水平方向に密度勾配があると、これによる圧力傾度力も働きます。亜熱帯で形成される高圧部に比べ、周辺は高密度なため、密度勾配による圧力傾度力は高圧部に向かって働きます。しかし海面においては、密度勾配による圧力傾度力に比べ海面勾配による圧力傾度力の方が十分に大きいため、合力としての水平方向の圧力傾度力は図4-11に示すように高圧部から低圧部に向かって働きます。この力で海水が動きますが、これにコリオリ力が作用して北半球では右へ偏向し、最終的に水平的な圧力傾度力とコリオリ力とが釣り合う**地衡流平衡**の状態になります。この力のバランスにより生じる流れを**地衡流**と呼び、北半球では高圧部を右にして流れ、南半球では逆方向です。エクマン層より下層では概ね地衡流平衡が成立しており、この領域を**内部領域**と呼びます。ほとんどの海流は地衡流であり、図4-1で見られる亜熱帯循環は、高圧部の外縁を流れる地衡流で構成されています。

　東西 (x)、南北 (y) 方向の地衡流平衡は、それぞれ次式で表せます。

$$-fv = -\frac{1}{\rho}\frac{\partial p}{\partial x} = -g\frac{\partial \eta}{\partial x} \tag{4-9}$$

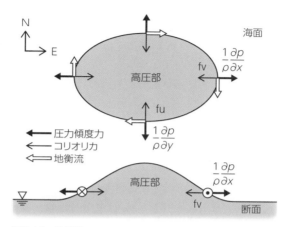

図4-11　地衡流
北半球の場合を模式的に示し、上図は上から見た図、下図は東側から見た鉛直断面。例えば東側では、圧力傾度力が東方向に働き、これを右に偏向させるコリオリ力（いずれも加速度の次元を持つ）とがバランスして、地衡流（等速度直線運動）は南方向に流れる。

$$fu = - \frac{1}{\rho} \frac{\partial p}{\partial y} = -g \frac{\partial \eta}{\partial y} \tag{4-10}$$

u と v $(\mathrm{m\ s^{-1}})$、及び $f(\mathrm{s^{-1}})$ の定義は1-6に示す通りです。ρ は密度 $(\mathrm{kg\ m^{-3}})$、p は圧力 (N) です。右辺は、圧力偏差を水位 η の偏差による表現に変換しています。さらに、地衡流を東西に横切る2地点間距離 $L(\mathrm{m})$ の水位差が $\Delta\eta$ (m) の時、4-9式を変換し、この間の平均的な地衡流流速は次式で求められます。

$$v = \frac{g}{f} \frac{\Delta\eta}{L} \tag{4-11}$$

この場合の f は、2地点の中間点での値です。

　地衡流平衡となるには、1-16式で示した外部変形半径よりも十分大きな空間と、$1/f$ よりも十分に長い時間が必要です。地衡流平衡に達して循環流が形成されると、循環により海面勾配が維持され、海面勾配を生む風などの強制力がなくても海流や循環流は定常的に存在し続けます。

　内部領域では、鉛直方向(z)の圧力偏差（膨張）と重力（圧縮）とが釣り合って

います。これを**静水圧平衡**と呼び、次式で表せます。

$$\partial p / \partial z = \rho g \tag{4-12}$$

密度が圧力のみに依存している状態や、鉛直的に一定の状態を**順圧（バロトロピック）**と呼びます。この場合図4-12(a)のように等密度面は等圧面と平行になり、密度勾配による圧力傾度力と海面勾配による圧力傾度力は同じ方向に働き、鉛直的に一様です。したがって、合力としての水平圧力傾度力も流れも一様になります。一方、密度が温度や塩分にも依存する場合を**傾圧（バロクリニック）**と呼び、この場合、図4-12(b)のように等密度面は等圧面と一致せず、交差します。密度勾配による圧力傾度力は、海面勾配による圧力傾度力と逆向きです。静水圧平衡の状態にあれば、密度が大きいほど鉛直方向の圧力偏差も大きくなります。よって、水平方向に密度勾配があると、密度勾配による圧力傾度力は深くなるほど大きくなります。このため、合力としての水平圧力傾度力は深くなるほど小さくなります。この圧力傾度力によって地衡流が発生するため、

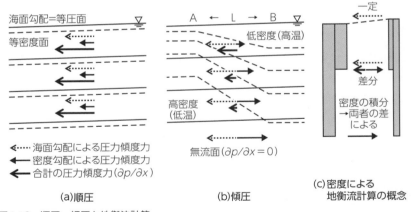

(a)順圧

(b)傾圧

(c)密度による
地衡流計算の概念

図4-12　順圧、傾圧と地衡流計算
　任意深度での圧力傾度力を求めれば、地衡流を算出できる。2地点でそれぞれ、無流面〜海面の密度を積分する。その密度差による圧力傾度力は、逆方向に働く海面勾配による圧力傾度力と同じ大きさであり、その大きさは深度によらず一定である。よって、2地点でそれぞれで任意深度〜海面の密度を積分して、その密度差による圧力傾度力をこの値から引けば、任意深度における圧力傾度力が求まる。

地衡流の流速は深くなるほど小さくなります。水平圧力傾度力が働かず地衡流が生じない面を**無流面**と呼びます。

　ρ は圧力、水温、塩分の鉛直分布から算出することができるので(2-5)、これを使って任意深度での地衡流流速を求めることができます。図4-12(c)は、その概念です。あるいは、図4-12(b)に示すような距離が L 離れたＡ−Ｂ間においては、無流面、又は設定した深度を基準として、これより上層の任意深度における相対的な平均地衡流流速 u_z を次式で求めることができます。

$$u_z = \frac{1}{fL}(\Delta\Phi_B - \Delta\Phi_A) \tag{4-13}$$

Φ は**ジオポテンシャル**と呼ばれ、$\Phi = -\int_0^z g dz$ で表されます。$\Delta\Phi$ はジオポテンシャルの鉛直偏差(アノマリ)です。具体的には、ρ の逆数である比容 a について、水温0℃、塩分35の海水を基準とする**比容** $a(35,0,\text{p})$ からのアノマリ $\delta (= a(\text{S,t,p}) - a(35,0,\text{p}))$ を求め、測定深度 Δ 間の δ の平均値と圧力差 Δp との積を求めて、これを基準深度から上層へ積算した値が $\Delta\Phi$ です。また、地点間の $\Delta\Phi$ の差を g で除した値が水位差 $\Delta\eta$ であり、これを4-11式に代入することも同じ意味になります。

４−４　ポテンシャル渦度保存の法則(渦位の保存則)

　海洋には大小さまざまな渦が多数存在しています。渦運動は**渦度**で表され、反時計回りを正で表します。渦度はベクトル量ですが、ある z 面(水平面)での渦度 ζ と、これを差分で表した式は以下の通り表せます。

$$\zeta = \frac{\partial v}{\partial x} - \frac{\partial u}{\partial y} = \frac{\Delta v}{\Delta x} - \frac{\Delta u}{\Delta y} = \frac{v_2 - v_1}{\Delta x} - \frac{u_2 - u_1}{\Delta y} \tag{4-14}$$

4-13式中の変数の定義は図4-13(a)の通りです。例えば図4-13(b)のように流れにシアーがあると、より強い流れによって弱い側への回転、すなわち渦が生じます。この回転の速度は地球に対する相対的な速度ですので、ζ を**相対渦度**と呼びます。回転の半径を r、角速度を ω とおくと、接線速度は rω ですので、

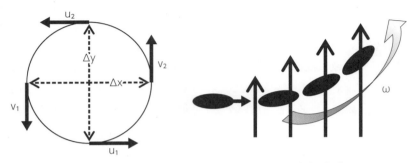

(a)渦度計算に用いる変数の定義　　　　　(b)渦生成の概念

図4-13　渦度
　　u、vはそれぞれ、流速のx、y方向成分。　Δvは、Δx離れたy方向成分流速の差分。
　　Δuは、Δy離れたx方向成分流速の差分。ωは渦の回転角速度。半径Δx=Δy=rの時、
　　流速を接線速度で与えると、u_1=v_2=$r\omega$、u_2=v_1=$-r\omega$。

4-14式から$\zeta = 2\omega$が求められ、回転角速度の2倍です。一方、地球の自転に伴っ
て生じる渦を**惑星渦度**と呼び、次式で表せます。

$$f = 2\Omega \sin\varphi \tag{4-15}$$

これすなわちコリオリのパラメータで、惑星渦度は極で極大となり、赤道では
働きません。惑星渦度と相対渦度の和を**絶対渦度**と呼びます。回転する水柱の
体積は変化せずに層厚が伸びると、水柱は細くなって回転速度が速くなります。
層厚が伸びた分だけ回転が速くなり、層厚あたりの絶対渦度は一定です。これ
を**ポテンシャル渦度保存の法則**と呼びます。水柱の高さをHとすれば、ポテ
ンシャル渦度の保存は、$(\zeta + f)/H$=const.と表現できます。

　北半球で、渦運動のない水柱(ζ=0)が深い方へ移動($H_1 \to H_2$)する時（図
3-12(a)）、

$$\frac{f}{H_1} = \frac{\zeta + f}{H_2} \qquad \therefore \zeta = \frac{H_2 - H_1}{H_1}f \tag{4-16}$$

となり、$\zeta > 0$の反時計回りの渦が発生します。海底がくぼんでいると、そこ
では反時計回りの渦が生じやすく、海底が盛り上がっている場所では時計回り

の渦が生じやすくなります。水深の変化がある場所で、水柱の移動に伴い渦が発生すると、図4-14のように次々に水柱移動と渦が起こり、波動が生じます。このようにして形成される、波動を**地形性ロスビー波**と呼び、北半球では浅い方を右に見て、南半球では左に見て伝播します。

　高さが一定の状態で水柱が南北に移動すると、fの変化により渦が発生します。$f+\zeta=$const. なので、fが大きくなれば$\zeta<0$となります。fは南極で最小、北極で最大ですので、水柱が北上すると時計回りの渦が発生します。赤道を中心に考え、水柱が高緯度へ移動すると、図4-15のように北半球では時計回り、南半球では反時計回りの渦が発生します。図4-14で示した"高圧性"と"低圧性"で言い換えると、水柱が高緯度へ移動すると高圧性の渦が発生します。このような水柱の南北移動でも、図4-16のように次々に水柱移動と渦が起こり、波動が生じます。このようにして形成される、波動を**惑星ロスビー波**、**惑星波**、**ロスビー波**などと呼び、北半球でも南半球でも西に伝播します。波長が、1-17式で示した式で示した内部変形半径よりも十分に長い場合を**長波ロスビー波**と呼び、渦の南北移動による高さの変化でも西への伝播を図4-16の通り説明できます。高圧性・低圧性の渦は、海面の高さにも違いがあります。海面が低い低圧性渦の西側では、水柱が低緯度側に移動してfが小さくなります。ζが維持された状態でfが小さくなるとHも小さくなり、西側の海面は低くなります。長波ロスビー波の位相速度Cは次式で表せます。

$$C=-\beta R_{EX^2} \tag{4-17}$$

βはコリオリ力の緯度変化率（1-2式）、R_{EX}は外部変形半径（1-16式）です。4-17式は波長に依存していない非分散性（5-3）であることを示しています。

4-5　西岸強化

　高圧場である亜熱帯循環の内部領域では、図4-8で見られるエクマン沈降が起こっているので、ポテンシャル渦度の保存においてHが減少することを意味

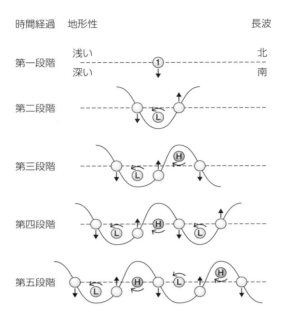

↑　南北移動　　Ⓗ　高圧性の渦

⤳　回転方向　　Ⓛ　低圧性の渦

—　波動

図4-14　渦の発生、及びロスビー波形成と伝播

地形性ロスビー波に対しては、水深の変化を考える。北半球において、(第一段階)水柱1が深い方へ移動すると反時計回りの渦が生じる。(第二段階)その渦により両側の水柱が、それぞれ浅い、あるいは深い方へ移動して、(第三段階)渦が生じる。その渦によってさらに水柱移動が起こり、(第四段階)渦が生じる。(第五段階)このような移動を繰り返すことにより地形性ロスビー波が形成され、北半球では浅い側を右にして伝播する。惑星ロスビー波に対しては、水柱の南北移動を考える。北半球において、(第一段階)水柱1が低緯度へ移動すると反時計回りの渦が生じる。(第二段階)その渦により両側の水柱が、それぞれ南北へ移動して、(第三段階)渦が生じ、(第四段階以降)このような移動と渦の形成を繰り返すことにより惑星ロスビー波が形成され、西に伝播する。

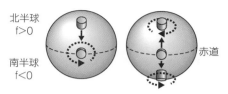

図4-15 水柱の南北移動による渦の発生
*f*はコリオリ力。水柱が南下すると、北
半球でも南半球でも反時計回りの渦が
発生する。

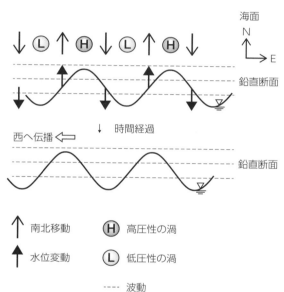

図4-16 長波ロスビー波の伝播
高圧性の渦では海面が高く、低圧性では低いため、海面
には高低差がある。高圧性の渦の西側は北上流となり、
渦が維持された状態で北上すると水柱の高さも大きくな
る。西側の海面は高くなり、海面の高低差は西側にシフ
トする。

します。このため*f* + *ζ* も減少しますが、*ζ* が維持されるなら*f*が減少する必要
があります。つまり、図4-17(a)のように、亜熱帯循環が低緯度側へ移動する
ことになります。全体的な低緯度への海水輸送に対して、高緯度への海水輸送

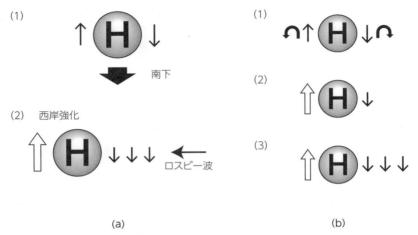

(a)   (b)

図4-17　北半球での西岸強化の概念
(a)エクマン沈降による説明：エクマン沈降により内部領域の高さが減少することで亜熱帯循環は南下し(1)、南への海水輸送と釣り合うため西側の北上流が強化される(2)。
(b)相対渦度の変化による説明：亜熱帯循環の西側では北上する海水が負の渦度を持ち(1)、北上が強化され、東側では南下が弱められる(2)。これでは流量が釣り合わないため、西部が狭く、東部が広くなる(3)。

が釣り合う必要があります（**スベルトラップ平衡**）。高緯度へは亜熱帯循環の西側で海水輸送されているので、ここでの流れが強化されます。これを**西岸強化**と呼び、これによる地衡流が西岸境界流です。また、低緯度側へ移動した亜熱帯循環が、ロスビー波の性質により西に偏り、東部に比べ陸との間で圧力傾度力が大きくなることでも、西岸強化は説明できます。さらに、亜熱帯循環の西部では北流なので、fが増加し、Hの変化を考えなければζが減少する必要があります。つまり図4-17(b)のように、負の渦度を持つ亜熱帯循環の西部では、負の渦度が増加し、流れが強化されます。西部での強い流れによる海水輸送と東部での弱い南流による海水輸送とが釣り合うように、循環流が西に偏る、とも解釈できます。

〈復習ポイント〉

第4章
(1) 全球及び日本周辺の表層海流分布、その特徴 (4-1、4-6)
(2) インド洋北部の表層海流分布の季節変動 (4-1、1-7)
(3) 黒潮を生む力学バランス、流軸の場所、物性や規模 (4-1、2-1)
(4) 黒潮に伴う水塊形成や水道への海水流入 (4-1、2-7)
(5) 吹送流の鉛直分布 (4-2)
(6) エクマン輸送、それによる海水の湧昇・沈降 (4-2)
(7) 亜熱帯循環流の形成過程 (4-1、1-6、1-7、4-4)
(8) 地衡流を生む力学バランスと平衡式、流速式、流速の算出 (4-4)
(9) 水深や緯度の変化に伴う渦の発生 (4-5、3-6)
(10) ロスビー波の形成と伝播 (4-5)
(11) 西岸強化の成因 (4-6、4-5)

コラムD　人間活動に起因するマリンハザード

　海難の発生原因は、見張り不十分、操船不適切など、海難を引き起こした直接的な行為や判断により分類・分析されていますが（海上保安庁、2023）、その背景となる気象・海象状況が一因になっている場合もあります。図D-1は海難の一因となった気象・海象について、海域毎にそれらの比率を示しています。日本全体では視程の比率が高く、気象・海象が海難の一因になる場合、霧による視界制限状態での衝突や乗り上げが最も多い事例である、と分析されています（石田ら、2005）。しかし比率は海域毎に異なり、島嶼部が多く潮流が強い海域と、波浪が発達しやすい外洋とでは異なる傾向があります。海難を防止するには、どのような気象・海象にあっても正しく判断するための知識や能力を身につけることが必要です。また、気象・海象予測には不確実性があることを理解し、危惧や対応が空振りに終わることを恐れない意思決定が必要、との指摘もあります

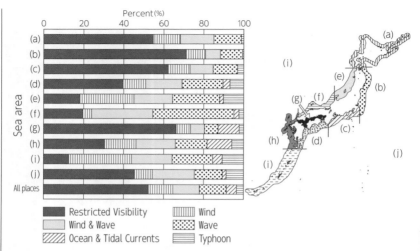

図 D-1　海難の一因となった各気象・海象の比率（森脇ら、2006）
　海難審判庁採決録掲載の海難から、気象・海象（視程、風、波浪、風と波浪の両方、台風による風や波、海潮流）が一因となった海難を抽出し分析。他の海域に比べ瀬戸内海 (g) と九州西方 (h) では、海潮流の割合が高い。西日本南方 (d) と本州日本海側 (e)(f) では、風と波浪を含み、波浪の割合が高い。

（濱地ら、2022）。

　人は自然の一部ですが、自然を大きく変化させる力を持っています。海難による重油流出により自然環境が脅かされた事例は、1997年に日本海で発生した沈没事故や、2020年にモーリシャス島沿岸で発生した座礁事故など多数あります。また気候変動や生態系に起因するマリンハザードは、究極的には人間活動に起因するとも考えられます。船舶のみならず、海で活動する機関や個人は海洋環境に十分に配慮する責務があります。国際海事機関 (International Maritime Organization: IMO) では、船舶による自然環境汚染を防止するため「1973年の船舶による汚染の防止のための国際条約に関する1978年の議定書」（海洋汚染防止条約、マルポール条約）を採択しました。また海洋環境保護を目的に、船舶に限定しない「1972年の廃棄物その他の物の投棄による海洋汚染の防止に関する条約」を採択しました。これらに基づき国内法として、「海洋汚染等及び海上災害の防

図D-2　生態系サービスの種類（環境省、2013）
　生物多様性条約締約国会議（COP）で取り組まれている「生態系と生物多様性の経済学
（TEEB：The Economics of Ecosystems and Biodiversity）」が、国連によるミレニア
ム生態系評価（MA：Millennium Ecosystem Assessment）を参考に分類。一般的には、
生息・生育地サービスは「基盤サービス」と表現され、他のサービスの基礎と位置づ
けられている。

止に関する法律」が定められています。

　これまで人は生態系からさまざまな恩恵を受けつつ、生態系のバランス
を崩してきましたが、一方的な利用から脱却して、自然を保全・再生し、
共生の方向へと歩み始めています。図D-2は人が受ける生態系サービスの
分類で、基礎となる生息・生育地サービスを維持することが重要です。調
整サービスには防災機能や、災害後のレジリエンス機能が含まれています。
これらの機能を高める取り組みがさまざまな形で行われており、以下はそ
のキーワードです。
・Eco-DDR(Disaster Risk Reduction)
　生態系や自然の機能を活用した災害リスク軽減
・グリーンインフラストラクチャー
　生態系サービスの享受や自然との共生を図るために計画・管理された社
　会資本
・里山/里海
　人の手が加わることにより、生産性と生物多様性が高くなった山や沿岸
　海域

・グリーンカーボン／ブルーカーボン
　陸上／海洋の生物による炭素固定

第5章　海洋波浪

5－1　海洋波浪の定義

　海面の波動運動は、定点においては図3-1のように、海面の昇降運動の時間変化として捉えられます。また波動の深度－空間断面により空間分布のスナップショットを捉え、これを図3-11のように複数時間を重ね合わせることで、波動の伝播を表現することができます。海面の波動運動にはさまざまな現象が関係し、それらの駆動力も現象の時空間規模もさまざまで、海面波動のエネルギー・スペクトルは図5-1のように分布します。エネルギーが大きいのは、12時間や24時間周期に見られる潮位変動(3-2)と、**重力波**と呼ばれる波動です。重力波は風で引き起こされ、海面を見た時に**海洋波浪**、**海洋波**、**海の波**として認識する波動です。波動を表現する要素は、表5-1の通り定義されます。これらの要素が一定な**規則波**は、正弦波で表現できます。しかし海洋波浪は、数秒〜数分周期の広い周期帯にエネルギーが分布しており、つまりさまざまな周期

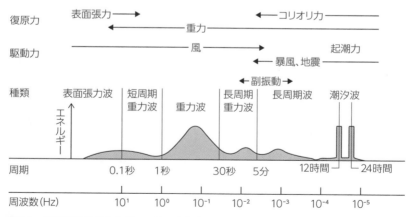

図5-1　海面波動のエネルギー・スペクトル
　エネルギー・スペクトルとは、周期・周波数成分毎のエネルギー分布。

表5-1　波動の要素の定義

記号	単位	要素名	定義
H	m	高波	波の山～谷(谷～山)の高さの差
a	m	振幅	平均水位～山(谷)の高さの差で、正弦波では$H = 2a$
L	m	波長	波の山～山(谷～谷)の距離
k	rad m^{-1}	波数(角波数)	波長の逆数($k = 2\pi / L$)で、単位距離あたりの波の角度
		波形勾配	波長に対する波高の比(H / L)
T	s	周期	波の山～山(谷～谷)の通過時間
f	Hz, s^{-1}	周波数	周期の逆数($f = 1 / T$)で、単位時間に通過する波の数
ω	rad s^{-1}	角周波数	$\omega = 2\pi f = 2\pi / T$で、単位時間に通過する波の角度
C	m s^{-1}	位相速度、波速	波の位相が伝播する速度で、正弦波では$C = L / T = \omega / k$

成分が重ね合わされた**不規則波**であることを意味しています。海洋波浪をスペクトル解析して得られる個々の周波数成分を**調和波**、**調和成分波**などと呼びま

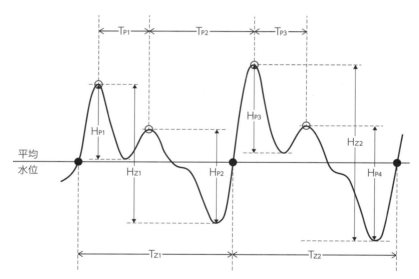

図5-2　1波の定義
　　peak to peak法では○と○の間を一波と定義し、T_{P1}, T_{P2}, T_{P3}が周期、H_{P1}, H_{P2}, H_{P3} , H_{P4}が波高。Zero up cross法では平均水位を下から上に横切る●と●の間を一波と定義し、T_{z1}, T_{z2}が周期、H_{z1}, H_{z2}が波高。

す。これは潮汐における分潮にあたります(3-2)。海洋波浪の周期の主成分は
その時々で異なります。不規則現象を捉えるためにスペクトル解析することは、
海洋のみならず、さまざまな現象解析で行われています。

　不規則波に対して波の要素を定量化するには、一波を定義する必要がありま
す。不規則波の波高が図5-2のように変動する時、波高の極大〜極大を一波と
定義する方法を**ピーク・ツー・ピーク法**と呼びます。一般的に用いられるのは
ゼロ・アップ・クロス法で、まず水位変動の平均値を求め、平均を同じ方向か
ら横切る点で一波を区切ります。ピーク・ツー・ピーク法ではわずかな波高変
位も拾うため、ゼロ・アップ・クロス法よりも低波高、短周期になります。ゼ
ロ・アップ・クロス法で各波の波高を求め、大きい方から1／3個を取り出した
波は**有義波**と定義されており、波浪情報ではこれを用いています。有義波はゼ
ロ・アップ・クロス法よりも高波高、長周期になり、経験的に目視観測と一致
します。目視観測では、大きな波の陰に
隠れた小さな波は見えないことや、大き
な波に着目しがちになることから、単純
平均よりも大きな値を取りがちです。有
義波高は平均値ですので、不規則波には
これを上回る波高が出現します。N個の
波の中での最大波高は、確率的に表5-2
の倍率を有義波高に乗じることで求め
られます。風速U(m s^{-1})から有義波高
$H_{1/3}$(m)と有義波周期$T_{1/3}$(s)とを推定す
る式が、以下の通り示されています
(Pierson *et al*., 1964、石田、1982)。

表5-2　最大波高の倍率

波の個数	倍数
50	1.500
100	1.610
500	1.843
1,000	1.934
5,000	2.131
10,000	2.287

確率的にN個の波に、(最大波高)＝(倍率)×(有義波高)が出現する。例えば風速10 m s^{-1}であれば、5-1式から有義波高は約2 m、5-2式から有義波周期は約5sと推定でき、5s×500個=2,500s=約42分の間に、約9.2 mの波が出現する可能性がある。

$$H_{1/3} = 0.021U^2, \qquad H_{1/3} = 0.047U^{1.62} \tag{5-1}$$

$$T_{1/3} = 0.52U, \qquad T_{1/3} = 0.93U^{0.73} \tag{5-2}$$

一波を定義せず、不規則波の波高の時間変動をスペクトル解析して、最もエネルギーが高くなる**スペクトル・ピーク**を用いて波浪を定義する方法もあります。有義波周波数に比べ、スペクトル・ピーク周波数は低くなります。

5－2　海洋波浪の発達

　海洋波浪は風からエネルギーを受けて発生、発達するため、十分な時間、風が吹き続ける必要があります。また、波浪は進行しながら発達するため、十分に進行できる距離が必要です。風が吹き続ける時間を**吹続時間**、風が吹き渡る距離や波が進行できる距離を**吹送距離**と呼びます。波浪の発達段階で吹送距離と吹続時間のいずれかが制限されると、それ以上波浪は発達できません。図5-3はSMB法と呼ばれる波浪推算ダイアグラムです。有義波高と有義波周期を、風速と吹送距離から、また風速と吹続時間から、それぞれ求めることができ、波高が低い方の結果が最終的な推算値です。

　その海域に吹いている風で発生した波浪を**風浪**、**風波**と呼びます。風浪が発達しながら遠方へ伝播した波浪を**うねり**と呼びます。波の高周波成分は減衰が大きく、波浪の発達・伝播の過程でエネルギーが低周波成分に遷移し、図5-4で見られるように、エネルギーレベルは低い状態で成長しません。吹送距離や吹続時間が長くなるほど、エネルギーが増加すると共に、スペクトル・ピークが低周波数側に分布し、鋭いスペクトル・ピークを持つようになります。これは、うねりの周期は風浪より長く、含まれる周期成分が集約されて、正弦波に近い波形に変化することを意味しています。海洋波浪は二次元的に広がり、風向きに対する方向によって発達状態は異なります。海洋波浪の方向スペクトルを求めれば、波浪の伝播方向を推定することができます。風からエネルギーを受けて発達する一方で、砕波や摩擦によるエネルギー損失も起こります(Inoue, 1967)。波浪が十分に発達し、エネルギー収支が釣り合った状態を**成熟波**と呼びます。エネルギー供給が無くなれば徐々に減衰します。

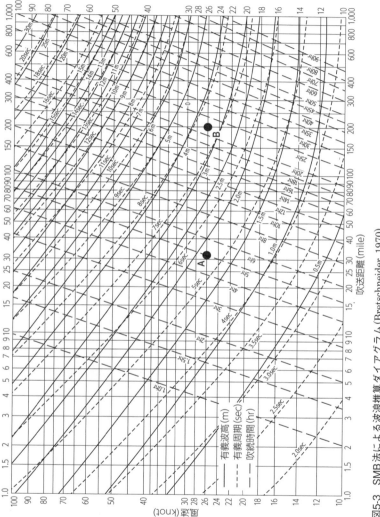

図5-3　SMB法による波浪推算ダイアグラム (Bretschneider, 1970)

例えば、風速26 knotの風から5時間吹き続け、海面を200 mile吹き渡った場合、有義波は風速と吹続時間からは点A、風速と吹送距離からは点Bの状態まで発達する。点Aで有義波高1.9 m、有義波周期5.4 sであり、点Bでは有義波高3.5 m、有義波周期7.5 sと推定される。よって、波浪の成長は吹続時間に制限され、点Aの推定値まで発達する。

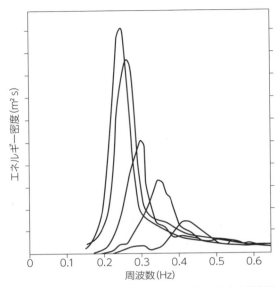

図5-4　波浪の発達に伴うスペクトル・ピーク変化の模式図
各線は、吹送距離又は吹続時間毎のエネルギー・スペク
トルで、吹送距離や吹続時間が長いほど、スペクトルは
左側に分布する。

5-3　海洋波浪の伝播

　各周波数と波数、あるいは周期と波長との関係式を**分散関係**と呼びます。海
面での水粒子の運動を、波長に対して振幅が非常に小さい**微小振幅波**と考え、
海面での圧力は一様で一定である**自由表面**、非圧縮・非粘性の**完全流体**、非回
転性の渦なし運動であると仮定します。また、波動を正弦波として、粒子は常
に海面に位置し、海底は水平で粒子の上下動はなく、表面張力、コリオリ力、
摩擦は無視できると仮定すると、以下の通り、浅海波における分散関係が求め
られます。

$$\omega^2 = gk\,\tanh(kD) \tag{5-3}$$

$$L = \frac{g}{2\pi} T^2 \tanh(kD) = \frac{g}{2\pi} T^2 \tanh(2\pi \frac{D}{L}) \tag{5-4}$$

さらに位相速度は次式で表されます。

$$C = \sqrt{\frac{g}{k} \tanh(kD)} = \sqrt{\frac{g}{2\pi} L \tanh(2\pi \frac{D}{L})} = \frac{g}{2\pi} T \tanh(kD) \tag{5-5}$$

ここでDは水深(m)です。tanh(ハイパブリック・タンジェント)は図5-5に示す双曲線関数です。$y = \tanh(2\pi D) / L$は、D / Lが大きくなると$y = 1$、D / Lが小さくなると$y = (2\pi D) / L$に近似できます。

　位相速度がDとLとの関数であることから、海面波動を両者の比により分類することができます。波長に比べ水深が十分に深い状態の波を**深海波**と呼びます。言い換えると、深海波は水深に比べ波長が短い波で、一般に$D > L / 2$で分

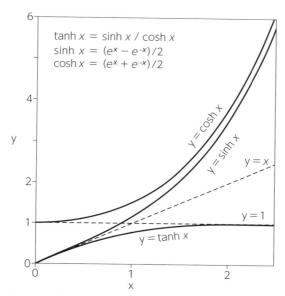

図5-5　双曲線関数
　　$y = \tanh x$は、xが大きくなると$y = 1$に漸近し、xが0に
　　近づくと$y = x$に漸近する。$y = \sinh x$と$y = \cosh x$は、
　　xが大きくなるとe^xに漸近(発散)する。xが0に近づくと、
　　$y = \sinh x$は$y = x$に、$y = \cosh x$は$y = 1$に漸近する。

類され図5-6(a)のような関係となります。波長に比べ水深が十分に浅い状態の波を**極浅海波**と呼びます。水深に比べ波長が長い波であることから**長波**とも呼ばれ、一般に$D < L / 25$で分類され、図5-6(c)のような関係となります。$L / 25 < D < L / 2$は**浅海波**と呼ばれる場合があります。外洋での海洋波浪は概ね深海波で、これが水深の浅い沿岸に伝播すると極浅海波に変化します。津波などの長周期波は長波の性質を持ちます(コラム E)。

　D / L が大きくなる場合のtanh関数の近似から、深海波の位相速度と分散関係は次式で表されます。

$$C = \sqrt{\frac{g}{k}} = \sqrt{\frac{g}{2\pi} L} = \frac{g}{2\pi} T \tag{5-6}$$

$$L = \frac{g}{2\pi} T^2 \tag{5-7}$$

5-6式と5-7式から、深海波の位相速度は水深には依存せず、波長、あるいは周期で決まり、周期が長いほど波長は長く、長波長・長周期成分ほど早く伝播することが読み取れます。成分波毎に位相速度が異なる性質を、**分散性**があると言います。5-2式でUから$T_{1/3}$を推定すれば、深海波の有義波としてのLとCを推定することができます。

　D / L が小さくなる場合のtanh関数の近似から、極浅海波の位相速度と分散

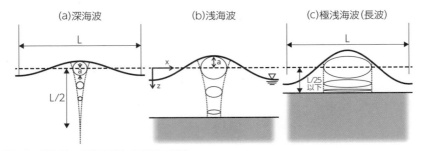

図5-6　深海波、極浅海波と水粒子の運動
　Lは波長、aは軌道半径であり振幅。(a)〜(c)は同じ波長で描いているが、波浪が沖合から沿岸に伝播すると、浅くなるため位相速度は遅くなり、波長は短くなる。しかし、水深に比して波長は長くなる。また、水深が浅くなると波高が高くなり、波形勾配は大きくなる。

関係は次式で表されます。

$$C = \sqrt{gD} \tag{5-8}$$

$$L = T\sqrt{gD} \tag{5-9}$$

5-8式と5-9式から、極浅海波の位相速度は水深で決まり、水深が浅くなるほど、波長は短くなり、遅く伝播することが読み取れます。また、波長や周期に関わらず、どの成分波も同じ速度で伝播して分散性がない(非分散である)ことを表しています。

　一波長分の波浪エネルギー$E(\text{N})$は、水粒子の位置エネルギーE_pと運動エネルギーE_kの和として次式で表され、E_pとE_kは同じ量です。

$$E = E_p + E_k = \frac{1}{16}\rho g H^2 L + \frac{1}{16}\rho g H^2 L = \frac{1}{8}\rho g H^2 L \tag{5-10}$$

ρは海水の密度です。単位面積、単位時間当たりのエネルギー・フラックス(輸送量)(kg m s^{-1})は、5-10式をLで割って単位長さあたりとし、それにエネルギー輸送の速度である**群速度**C_gを乗じることで、$\frac{1}{8}\rho g H^2 C_g$と求められます。波浪エネルギーは、群となった波で輸送されると考えます。群れに含まれる成分波の間には位相差がありますが、これが維持されながら進行する速度を考え、次式で表されます。

$$C_g = \frac{d\omega}{dk} = \frac{1}{2}C\left(1 + \frac{2kD}{\sinh(2kD)}\right) \tag{5-11}$$

深海波を考える時、$y = 2kD / \sinh(2kD)$は$y = x / e^x$と近似できます。$x \ll e^x$、あるいは分母が無限大であることから、yは0に近づくため、5-11式は$C_g = C / 2$と近似できます。深海波は分散性があるため、エネルギーは位相速度の半分の速度で輸送されることを意味します。同様に、極浅海波は$C_g = C$と近似でき、分散性がないためエネルギーは位相速度と同じ速度で一体的に輸送されます。群速度と位相速度の関係を$C_g = nC$とおくと、nは波浪伝播におけるエネルギー輸送率を表す係数であり、浅海波では$n = 0.5 \sim 1$です。

5-4　水粒子の軌道運動

　海面の浮遊物を観察すると、浮遊物は波浪の伝播と共に移動するのではなく、その場で上下運動しつつ、少しずつ進行していることが分かります。水深が十分に深く、海底の影響を受けない深海波の場合、微小振幅を仮定した水粒子の軌道は、中心を(x_0, z_0)、軌道位置を(x, z)として以下の式で近似できます。

$$(x - x_0)^2 + (z - z_0)^2 = (ae^{kz})^2 \tag{5-12}$$

5-12式は、図5-6(a)のような円軌道であることを意味します。軌道半径（右辺）は、海面$(z = 0)$では波浪の振幅の大きさを持ち、深くなる（zが大きくなる）につれ指数的に小さくなります。波長の半分の深度$(z = L / 2)$での軌道半径は、海面の1 / 23程度です。波浪が沿岸へ近づいて海底の影響を受けて浅海波に変化すると、図5-6(b)のように水平方向を長軸とする楕円軌道に変化します。海面での短軸の半径は波浪の振幅の大きさで、長軸が伸び、深くなるにつれて半径は小さくなります。極浅海波になると、水粒子の運動は以下の式で近似できます。

$$\frac{(x - x_0)^2}{(\frac{a\omega}{kD})^2} + \frac{(z - z_0)^2}{\{a\omega(1 + \frac{z}{D})\}^2} = 1 \tag{5-13}$$

5-13式は、深い海域ほど楕円が大きいことを示しています。また、水平方向の変位（左辺第一項分母）は深度方向には変化しませんが、鉛直方向の変位（左辺第二項分母）は深くなるほど小さくなり、図5-6(c)のように深くなるほど楕円は偏平します。海面での鉛直方向の変位は$a\omega$で、$T > 2\pi$の長波では短軸の半径は振幅より小さく、水平的な往復運動に近くなります。

5-5　浅 海 変 形

　波形勾配が大きくなると図5-7(a)のように波峰が尖ります。このような波形を**ストークス波**と呼び、微小振幅波の仮定は成立せず、非線形的な**有限振幅波**として扱う必要があります。ストークス波では水粒子の軌道運動は円形に閉じ

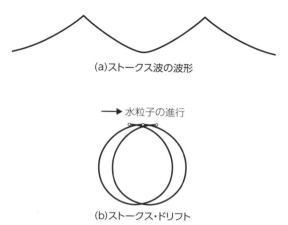

(a)ストークス波の波形

→ 水粒子の進行

(b)ストークス・ドリフト

図5-7 ストークス波

ず、図5-7(b)のように螺旋軌道を描いて前進します。これによる質量輸送を**ス
トークス・ドリフト**と呼びます。海岸の近くでは、螺旋軌道が往復運動になり、
海水はストークス・ドリフトにより図5-8のように岸に向かって輸送されます
（向岸流）。海水は岸沿いに流れ（並岸流）、ある所で収束して**離岸流**として沖に

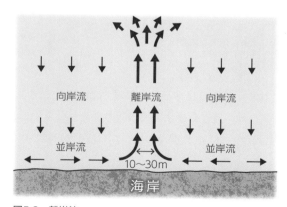

図5-8 離岸流
　岸に向かう向岸流で輸送された海水は、岸沿いの並岸流
で輸送され、海水が収束する場所で離岸流として沖へ輸
送される。

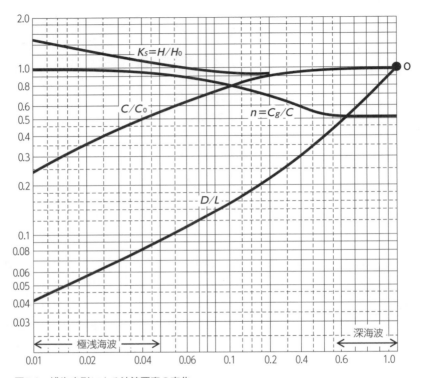

図5-9　浅海変形による波浪要素の変化
　L_0は深海波（添え字0）における波長で、横軸が小さくなることは水深（D）が浅くなること を意味する。

向かって輸送されます。質量保存から、離岸流は強い流れとして現れるため、 これに乗ると一気に沖へ流されます。人の泳力で流れに反することは困難です が、離岸流の幅は10 〜 30 m程度なので、岸に平行に移動することで逃れる ことができます。

　沖合から沿岸に波浪が伝播すると深海波から浅海波、極浅海波へと変化し、 波形が変形します。図5-9は、深海波領域の地点0から伝播し、浅海変形する波 浪の要素の変化を表しています。H / H_0の増大は波高が高くなることを、 C / C_0の低下は位相速度が遅くなることを、D / Lの低下は波長が短くなること

を表し、nは1／2から1に変化します。概念的には、水深が浅くなって位相速度が遅くなると、後ろの波が追いついて波長が短くなり、波高は高くなると考えられます。深海波の波高に対する波高の増大比 H／H₀はKₛで表わされ、**浅水係数**と呼びます。波高の変化は、エネルギー輸送量の保存から考えます。砕波などによるエネルギー損失はなく、地点0でのエネルギー量が保存される時、以下が成立します。

$$\frac{1}{8}\,\rho g H_0{}^2 C_{g0} = \frac{1}{8}\,\rho g H^2 C_g \tag{5-14}$$

$$K_s = \frac{H}{H_0} = \sqrt{\frac{Cg_0}{Cg}} = \sqrt{\frac{C_0}{2nC}} \tag{5-15}$$

波高の増大は、位相速度の減少に比例します。

　波浪が水深の浅い海域に伝播すると図5-10のように波列が屈折して、海岸線

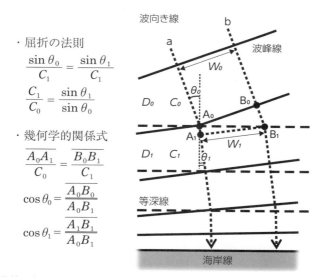

図5-10 海岸線に向かう波浪伝播時の波峰線の屈折
　等深線間で深度Dは一定で、D₀＞D₁とする。よって等深線間では位相速度Cも一定で、C₀＞C₁。波向きは波峰線に直角で、間隔W₀の2本の平行な波向き線を想定する。波向き線aで波峰がA₀に達した時、波向き線bでは波峰がB₀に達し、同じく波峰はA₁とB₁に同時に達すると考える。波向き線bがB₁で屈折した後、波向き線aと平行に戻り、その間隔をW₁とする。

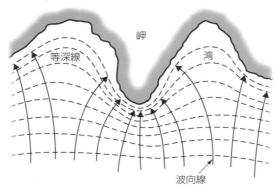

図5-11　地形の変化による波の屈折と集中

と平行に近づきます。波浪が、位相速度が速い領域(C_0)から遅い領域(C_1)に向かって入射角θ_0で進行すると、屈折して入射角がθ_1に変化し、屈折の法則(2-6式)が成立します。点A_0は点B_0よりも先に浅海域に到達するため、波向き線aに沿う波峰の位相速度は遅くなり、波向き線bに沿う波峰が点B_1に到達した時点で、点A_1までしか進行しません。このことから以下の関係が導けます。

$$\frac{W_0}{\cos\theta_0} = \frac{W_1}{\cos\theta_1}, \qquad \frac{W_0}{W_1} = \frac{\cos\theta_0}{\cos\theta_1} \tag{5-16}$$

W_0とW_1は波向き線の間隔で、$W_0 < W_1$です。$\overline{A_0B_0}$ 断面を通過した波浪エネルギーが保存されたまま $\overline{A_1B_1}$ 断面を通過する時、5-14式、5-15式と同様に以下が導けます。

$$H_0^2\, C_{g0}\, W_0 = H_1^2\, C_{g1}\, W_1 \tag{5-17}$$

$$\frac{H_1}{H_0} = \sqrt{\frac{C_0}{2nC_1}}\sqrt{\frac{W_0}{W_1}} = K_s\, K_r, \qquad K_r = \sqrt{\frac{W_0}{W_1}} = \sqrt{\frac{\cos\theta_0}{\cos\theta_1}} \tag{5-18}$$

K_rを**屈折係数**と呼び、波向き線の間隔や屈折角の比に比例します。屈折を伴う波高の増大は、浅海係数と屈折係数の積で表されます。図5-11のように地形に凹凸があり、それに沿うような等深線分布の場合、波向き線の屈折方向は地形が突き出た箇所に向きます。このため、岬のなどには波浪が集まって波高が

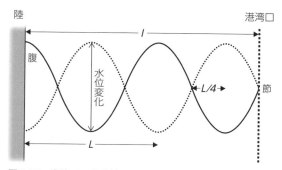

図5-12　港湾での定在波
波浪が港湾に伝播し、奥で反射して入射波と反射波とが
重なり、図3-10のように定在波を形成する。

高くなりやすく、奥まった湾では波高が低くなる場合があります。

　長波がコリオリ力を無視できる程度の港湾に進入し、奥で反射すると、図3-11と同じように定在波が形成されます。図5-12に示すような定在波を形成する時、入口が振動の節となり、奥が腹となります。節や腹は港湾内部に複数個できる可能性があり、波長*L*の進行波が完全反射して定在波が形成されるのは、水域の長さ*l*が*L*／4の倍数になる場合です。腹では入射波の2倍の振幅となり、振動周期*T*は次式で表せます。

$$T = \frac{4l}{\sqrt{gD}} \tag{5-19}$$

5－6　波浪情報

　気象庁は船舶・港湾気象を所掌しており、Web上の「船舶気象観測・通報のページ」で気象・海象や気象観測に関する情報を公開しています。天気図の一種として**外洋波浪実況図**(AWPN)（図5-13(a)）と**沿岸波浪実況図**(AWJP)（図5-13(b)）、及びそれらの24時間予想図(FWPN)(FWJP)が発行されています。外洋波浪実況図には、船舶気象通報による波浪や風の実測値と、解析結果である波高分布や気象情報が示されています。熱帯低気圧がある場合には、その階

級が示されています。階級は最大風速によって表5-3の通り分類され、これは海上警報の分類とも関連付けられています。沿岸波浪実況図では、日本沿岸での実測有義波、及び有義波と風の解析結果を、表により具体的な数値で示しています。また外洋波浪実況図の等波高線は1 mないし2 m毎ですが、沿岸波浪実況図では0.5 m毎に示しており、より詳細な有義波の情報を得ることができます。

　海洋現象は、統計的性質が時間的に変化する(非定常)不規則現象(確率過程)

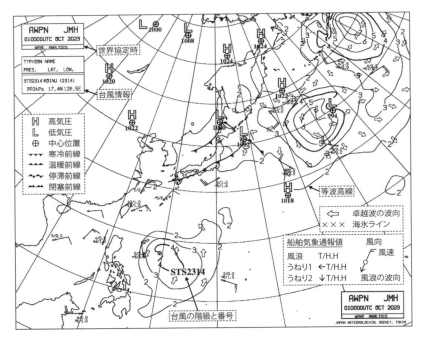

図5-13(a)　外洋波浪実況図の例(船舶向け天気図(気象庁)に加筆)
　風向は、吹いてくる方向(16方位)に羽を立て、羽の数で風速を5 knot単位(二捨三入)で表す(短矢羽根5 knot、長矢羽根10 knot)。風浪とうねりの周期(T(s))は整数、波高(H.H(m))は0.5 m単位(四捨五入)で表す。波向きは向かっていく方向に矢印で表す。風浪は風の矢羽根と逆の位置に、うねりの波向は周期の前に示す。「うねり1」は第一卓越波で、複数方向から伝播している場合は「うねり2」として第二卓越波が記載されている。それ以外は解析結果である。 等波高線は、2～8 mは1 m毎に、8 m以上は2 m毎に実線示し、4 m毎に太線で表す。

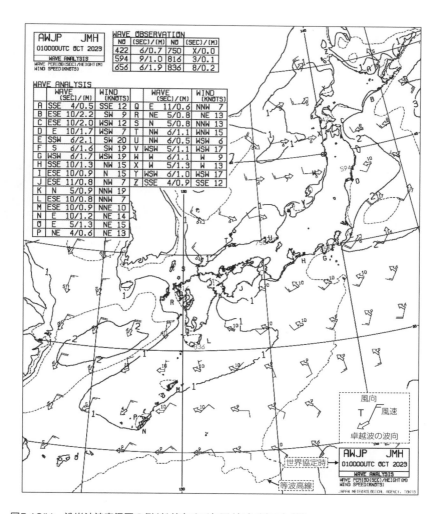

図5-13(b)　沿岸波浪実況図の例（船舶向け天気図（気象庁）に加筆）
　日本周辺に設置されている波浪計（番号）による観測結果だけが実測値で、それ以外は解析結果。波浪値は、いずれも有義波。波浪計と代表地点（アルファベット）での解析結果は表で示されている。波向、風向はいずれも、波浪が伝播してくる方向、風が吹いてくる方向（16方位）を表す。周期の表記は、外洋波浪実況図と同じ。等波高線は、1m毎に実線示し、4m毎に太線で表す。4m未満では0.5m毎に点線で示す。2度毎に、風向、風速と、卓越波の波向、周期の解析結果が表記されている。

表5-3　熱帯低気圧の階級分類

低気圧階級	最大風速	低気圧分類	相当する海上警報
TD	34 knot 未満	熱帯低気圧	(W　海上風警報)
TS	34 knot 以上48 knot 未満	台風	GW　海上強風警報
STS	48 knot 以上64 knot 未満		SW　海上暴風警報
T	64 knot 以上		TW　海上台風警報

であるため、統計処理には仮定が必要です。我々が得られるデータは母集団の一部を記録したもの(標本)ですから、無作為抽出した標本は海洋現象を代表し、その統計的性質は母集団を表現すると仮定する必要があります。また、多くの場合でデータはオイラー的であるので(3-5)、**エルゴード性**が成立すると仮定しています。これはオイラーデータの平均値とラグランジュデータの平均値とは等しいことを意味し、定点での時間平均は、その周辺の空間平均を表現しているとの仮定です。統計データを扱う際には、定点の空間代表性や、それぞれの海域の空間的一様性に注意する必要があります。

〈復習ポイント〉

第5章

(1) それぞれの"波"と波浪要素の定義 (5-1、5-2、5-3、5-5)

(2) 最大波高の推定、風速を用いた有義波の波高と周期、深海波の波長、
位相速度と群速度の推定 (5-1、5-3)

(3) SMB法による波浪推算 (5-2)

(4) 深海波の位相速度と分散関係の導出、それらの特徴と算出 (5-3)

(5) 極浅海波の位相速度と分散関係の導出、それらの特徴と算出 (5-3)

(6) 深海波と極浅海波のエネルギー輸送速度、一波長分の波浪エネルギー
の式、エネルギー・フラックス式の導出と算出 (5-3)

(7) 水粒子運動の特徴 (5-4)

(8) ストークス波の特徴、海岸付近での海水輸送 (5-5)

(9) 深海波から極浅海波への変化に伴う波浪要素の変化、それらの算出
(5-5)

(10) 海岸線へ進行する波列の幾何学的関係に基づく屈折、具体例の計算
(5-5)

(11) 港湾内での定在波形成過程、振動周期の式と算出 (5-5、3-5)

(12) 外洋波浪実況図と沿岸波浪実況図からの情報抽出 (5-6)

(13) 津波の形成、位相やエネルギーの伝播と算出 (コラムE、5-3)

── コラムE　地殻変動に起因するマリンハザード ──

　日本列島の周辺には複数のプレートが分布しているため (図1-5)、地殻
の運動が活発で、地震や火山噴火などのリスクが高い地域です。海溝にお
ける地震と津波の発生過程は、図E-1で説明される通りです。海底の隆起
により海面が盛り上がり、波動として周囲に広がったものが津波です。津
波の波長は長い場合は数百kmに渡り、水深が深い外洋においても極浅海
波 (5-3) の性質を持つ場合があります。このような津波は分散性がなく一

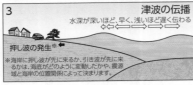

図 E-1　津波発生の模式図（地震調査研究推進本部）

体となって、水深に依存して位相、エネルギーとも同じ速度で伝播します。波のエネルギーは波高の二乗に比例するため、水深が浅くなって波高が増大することで、沿岸から陸上へと遡上する津波は非常に大きなエネルギーを持ちます。図 E-2 に示す通り、日本列島の太平洋側にある海溝による地震は、ほとんどが 30 年以内に 26% 以上の確率で発生すると評価されています。このうち南海トラフを震源とする地震は、M8〜M9 クラスが 30 年以内に 60〜70% の確率で発生すると評価されています（地震調査研究推進本部、2013）。これにより発生する津波は断層破壊が起こる場所により異なるため、日本政府は複数のケースを想定しています。図 E-3 は紀伊半島〜四国沖に大すべり域を設定した場合の、満潮時の波高分布です。高知県、徳島県、和歌山県の沿岸には、20 分以内に波高 10m 以上が到達すると想定されています。

　南海トラフ地震による津波は大阪湾にも来襲します。まず水位が低下し、その後、押し波第一波が湾奥に 2 時間弱で到達すると予想されています。予想される最大水位は図 E-4 に示す通りで、湾奥では 3m 以上に達する可

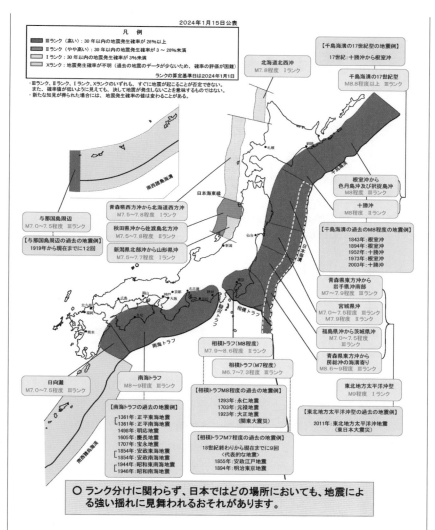

図E-2　主な海溝型地震の評価結果（地震調査研究推進本部）

能性があります。津波は、引き波よりさまざまなモノを海洋へ運ぶことで

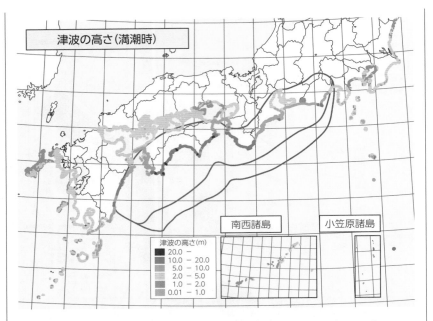

図E-3　南海トラフを震源とする津波の想定波高分布（内閣府政策統括官、2019）
　　ケース3（「紀伊半島〜四国沖」に大すべり域を設定）の満潮時。

海洋環境に影響を与えるだけでなく、海底堆積物の巻き上げでも影響を与えます。水深が浅くなると津波の波動運動は水平流に近くなり (5-4)、大阪湾の場合、水深が浅く、水平流が大きな湾奥で、海底での摩擦により堆積物が巻き上げられると予想されます (Hayashi *et al*., 2015)。海底堆積物には微生物や、リンや窒素などの元素、亜鉛や水銀などの重金属類などの物質が蓄積されています。物質が海中に放出されると、それらの海中濃度は図E-5のように環境基準を上回る可能性があります。物質は粒子に吸着することで再堆積したり、移流・拡散で湾外に流出するなどの過程を経て、20日程度で定常状態になると予想されます (Nakada *et al.* 2018)。

　2011年に発生した東北地方太平洋沖地震による津波では、水深の変化

図E-4　南海トラフ地震による津波の大阪湾での最大水位分布（神戸大学津波マリンハ
ザード研究講座）
　この分布は二次元長波津波モデルによる数値シミュレーション（Nakada *et al*., 2016）結
果で、陸上への遡上がない条件で計算している。この数値シミュレーションによる結果
は、Webサイトからダウンロード可能である。

（日高ら、2021）だけでなく、海底堆積物の質の変化や（Seike *et al*.,
2017）、HAB（Kamiyama *et al*., 2014）や 貝 毒（Natsuike *et al*.,
2014）の発生（コラムB）、藻場の破壊（Tsujimoto *et al*., 2016）などが
報告されています。その後の追跡調査により、藻場や漁業資源は回復した
ものの（Komatsu *et al*., 2015, 片山ら、2018）、大型底生生物への影
響は続いたことが報告されました（金子ら、2018、大越ら、2018）。津
波の強さや海洋環境はそれぞれの海域で異なるため、何が起こる可能性が
あるかを海域毎に予測し、対策する必要があります。そして実際に津波が
起こった時に、それぞれの予測や対策を検証して知見を積み上げることに

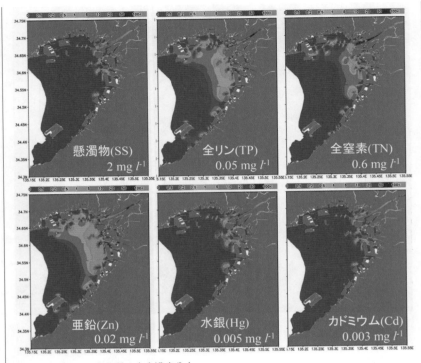

図E-5　津波後の各物質の水中濃度分布
　　各図に示している数値は、水中の環境基準値。図E-4と同様の数値シミュレーション
（Nakada *et al.*, 2016）で得られた水平流から、地震10時間後までの海底堆積物の再懸濁
量を推定し（Hayashi *et al.*, 2019）、堆積物中の物質濃度を乗じる事で水中濃度を算出し
て、これを環境基準値で標準化した値。白色の海域では堆積物の再懸濁は発生しない。
青色の海域では環境基準に達しない。

より、繰り返し起こる津波に対するレジリエンスを高めることができます。

文 献 一 覧

＜文章内参考文献＞

IOC/UNESCO：The Ocean Decade
　https://oceandecade.org/

IPCC(2013)：気候変動2013自然科学的根拠政策決定者向け要約
　https://www.data.jma.go.jp/cpdinfo/ipcc/index.html(気象庁訳)

石田(1982)：定点Ｔにおける風速と波高の関係、日本航海学会論文集
　https://doi.org/10.9749/jin.66.23

石田ら(2005)：気象・海象と関連する日本近海で発生した海難の解析、日本航海学会論文集
　https://doi.org/10.9749/jin.113.259

Inoue(1967)：On the growth of the spectrum of a wind generated sea according to a modified Miles-Phillips mechanism and its application to wave forecasting, Geophysical Sciences Laboratory Report TR-67-5, New York University.

宇野木(2012)：海の自然と災害、成山堂書店

大越(2018)：地震・津波攪乱が砂泥底に生息するマクロベントス群集へ及ぼす影響と変化、日本水産学会誌
　https://doi.org/10.2331/suisan.WA2567-5

大阪湾港湾等における高潮対策検討委員会(2019)：大阪湾港湾等における高潮対策検討委員会最終とりまとめ
　https://www.pa.kkr.mlit.go.jp/measures/plan/safety/takasiotaisaku/index.html

海上保安庁(2023)：海上保安レポート2023
　https://www.kaiho.mlit.go.jp/info/books/report2023/html/top.html

外務省：Japan SDGs Action Platform
　https://www.mofa.go.jp/mofaj/gaiko/oda/sdgs/index.html

片山ら(2018)：大津波による沿岸資源・沿岸漁業への影響と回復状況、日本水産学会誌
　https://doi.org/10.2331/suisan.WA2567-10

金子ら(2018)：女川湾において津波が底質および底生生物に与えた影響とその回復過程、日本水産学会誌
　https://doi.org/10.2331/suisan.WA2566-8

Kamiyama *et al.*(2014)：Differences in abundance and distribution of *Alexandrium* cysts in Sendai Bay, northern Japan, before and after the tsunami caused by the Great East Japan Earthquake. Journal of Oceanography
　https://doi.org/10.1007/s10872-014-0221-0

河野(2010)：新しい海水の状態方程式と新しい塩分(Reference Composition Salinity)

の定義について、海の研究
https://doi.org/10.5928/kaiyou.19.2_127
気象庁(1999)：海洋観測指針
気象庁：船舶気象観測・通報のページ
https://marine.kishou.go.jp/index.html
纐纈(2017)北太平洋の中・深層循環とその変化・変動の観測的研究、海の研究
https://doi.org/10.5928/kaiyou.26.5_189
国土交通省／国土地理院：ハザードマップポータルサイト
https://disaportal.gsi.go.jp/
Komatsu *et al.*(2015)：Impact of the 2011 Tsunami on seagrass and seaweed beds in Otsuchi Bay, Sanriku Coast, Japan, Marine Productivity: Perturbations and Resilience of Socio-ecosystems
https://doi.org/10.1007/978-3-319-13878-7_5
Shroder *et al.*(2015)：Coastal and Marine Hazards, Risks, and Disasters, Elsevier.
地震調査研究推進本部(2013)：南海トラフの地震活動の長期評価(第二版)
https://www.jishin.go.jp/evaluation/long_term_evaluation/subduction_fault/
Seike *et al.*(2017)：Post‐depositional alteration of shallow‐marine tsunami induced sand layers: A comparison of recent and ancient tsunami deposits, Onagawa Bay, northeastern Japan. Island Arc
https://doi.org/10.1111/iar.12174
寶ら(2011)：自然災害と防災の事典、丸善出版
第3回国連防災世界会議(2015)：仙台防災枠組2015-2030
https://www.mofa.go.jp/mofaj/ic/gic/page3_001128.html
Tsujimoto *et al.*(2016)：Damage to seagrass and seaweed beds in Matsushima Bay, Japan, caused by the huge tsunami of the Great East Japan Earthquake on 11 March 2011, International Journal of Remote Sensing
https://doi.org/10.1080/01431161.2016.1249300
内閣府：国連など国際機関を通じた多国間協力
https://www.bousai.go.jp/kokusai/global/index.html
Nakada *et al.*(2018)：Transportation of Sediment and Heavy Metals Resuspended by a Giant Tsunami Based on Coupled Three-Dimensional Tsunami, Ocean, and Particle-Tracking Simulations, J. Water and Environment Technology
https://doi.org/10.2965/jwet.17-028
Natsuike *et al.*(2014)：Changes in abundances of *Alexandrium tamarense* resting cysts after the tsunami caused by the Great East Japan Earthquake in Funka Bay, Hokkaido, Japan, Harmful Algae
https://doi.org/10.1016/j.hal.2014.08.002
日本天文学会：天文学辞典

https://astro-dic.jp/

日本海洋学会：海洋観測ガイドライン

　https://kaiyo-gakkai.jp/jos/guide

濱地ら(2022)：最新気象予報技術を活用した運航判断 ‐ 海難事例からの考察 ‐ 、日本
　航海学会論文集

　https://doi.org/10.9749/jin.147.66

Hayashi *et al.*(2015)：Estimation of the Occurrence Condition of Sediment
　Resuspension in Osaka Bay by Tsunami, Proceedings of the 25th ISOPE
　Conference.

　https://onepetro.org/ISOPEIOPEC/proceedings-abstract/ISOPE15/All-ISOPE15/
　ISOPE-I-15-715/15159

林ら(2020)：海上輸送と海洋環境にかかるマリンハザード研究、NAVIGATION

　https://doi.org/10.18949/jinnavi.212.0_24

Hayashi *et al.*(2021)：Storm Surge Disaster Caused by Typhoon Jebi, T1821, at
　Fukae Harbor in Japan, Transactions of Navigation

　https://doi.org/10.18949/jintransnavi.6.1_19

林ら(2022)：神戸大学深江キャンパスで観測した2018年台風21号(T1821, Jebi)による
　高潮、神戸大学大学院海事科学研究科紀要

　https://doi.org/10.24546/81013478

Hallegattee *et al.*(2017)：Unbreakable: Building the Resilience of the Poor in the Face
　of Natural Disasters, World Bank Group

　https://hdl.handle.net/10986/25335

Pierson *et al.*(1964)：A proposed spectral form for fully developed wind seas based on
　the similarity theory of S. A. Kitaigorodskii

　https://doi.org/10.1029/JZ069i024p05181

日高ら(2012)：福島県松川浦の東日本大震災津波前後での底質・地形変化、土木学会論
　文集B3(海洋開発)

　https://doi.org/10.2208/jscejoe.68.I_186

＜図表参考文献＞

大阪湾港湾等における高潮対策検討委員会尼崎西宮芦屋港部会(2019)：尼崎西宮芦屋港
　部会とりまとめ

　https://web.pref.hyogo.lg.jp/ks17/takashio/takashio.html

海上保安庁：海洋状況表示システム

　https://www.msil.go.jp/

海上保安庁：潮汐表

海上保安庁：潮汐表(原著：小倉(1933)：日本近海の潮汐に就て(其の2)、水路要報、
　12(6), 227-240)

海上保安庁：潮流推算

　https://www1.kaiho.mlit.go.jp/TIDE/pred2/CurrPred/iCurrPred.htm

海上保安庁海洋情報部：海流図の説明

　https://www1.kaiho.mlit.go.jp/KANKYO/KAIYO/qboc/2019cal/setumei2.html

海上保安庁海洋情報部：黒潮の型

　https://www1.kaiho.mlit.go.jp/KANKYO/KAIYO/qboc/exp/yougo.html

海上保安庁海洋情報部：海洋速報

　https://www1.kaiho.mlit.go.jp/KANKYO/KAIYO/qboc/

環境省(2013)：平成25年版図で見る環境白書・循環型社会白書・生物多様性白書

　https://www.env.go.jp/policy/hakusyo/zu.html

気象庁：海洋気象観測船による定期海洋観測結果

　https://www.data.jma.go.jp/gmd/kaiyou/shindan/index_obs.html

気象庁：深層循環の変動について

　https://www.data.jma.go.jp/gmd/kaiyou/db/mar_env/knowledge/deep/deep.html

気象庁：船舶向け天気図

　https://www.jma.go.jp/jmh/jmhmenu.html

気象庁地球環境・海洋部：過去のエルニーニョ監視速報No.244

　https://www.data.jma.go.jp/gmd/cpd/elnino/houdou/houdou.html

神戸市：神戸市情報マップ

　https://www2.wagmap.jp/kobecity/Portal

神戸大学津波マリンハザード研究講座

　https://www2.kobe-u.ac.jp/~mitsuru/index.html

国土交通省：大阪湾・紀伊水道海洋短波レーダ表層流況配信システム

　http://61.199.216.98/hf-radar/RealTime/main.asp

国土地理院：位置の基準・測量情報

　https://www.gsi.go.jp/sokuchi/index.html

国立天文台：理科年表

　https://official.rikanenpyo.jp/

地震調査研究推進本部：素材集、海溝型地震の長期評価

　https://www.jishin.go.jp/

内閣府：防災白書

　https://www.bousai.go.jp/kaigirep/hakusho/index.html

内閣府政策統括官(2019)：南海トラフ巨大地震の被害想定について(建物 被害・人的被害)

　https://www.bousai.go.jp/jishin/nankai/nankaitrough_info.html

Nakada *et al.*(2016)：Tsunami-Tide Simulation in a Large Bay Based on the Greatest Earthquake Scenario Along the Nankai Trough, International Journal of Offshore and Polar Engineering https://doi.org/10.17736/ijope.2016.jc652

NASA Scientific Visualization Studio：Tidal Patterns
　https://svs.gsfc.nasa.gov/stories/topex/tides

NOAA：Global Tropical Moored Buoy Array
　https://www.pmel.noaa.gov/gtmba/

NOAA：World Ocean Atlas Climatology
　https://www.ncei.noaa.gov/access/world-ocean-atlas-2023f/

Hayashi *et al.*(2019)：Estimate of Water Quality Change in Osaka Bay Caused by the Suspension of Marine Sediment with Mega Tsunami, Oceanography Challenges to Future Earth
　https://doi.org/10.1007/978-3-030-00138-4_5

兵庫県(2019)：想定し得る最大規模の高潮による浸水想定区域図について
　https://web.pref.hyogo.lg.jp/ks17/takashioshinso/takashioshinso.html

Bretschneider (1970)：Forecasting relations for wave generation, Look Lab. Hawaii, 1(3), 31-41.

森脇ら(2006)：気象・海象と関連する日本近海で発生した海難の解析-III：海域特性の定量解析、日本航海学会論文集
　https://doi.org/10.9749/jin.115.169

文部科学省、気象庁(2020)：日本の気候変動2020
　https://www.data.jma.go.jp/cpdinfo/ccj/index.html

柳(1982)：鳴門のうず潮はなぜできる、自然、37(8)、56-59.

Yanagi *et al.* (1993)：Tide fronts in the Seto Inland Sea、愛媛大学工学部紀要、12(4)、337-343.

＜参考図書＞

海の科学、柳哲雄、恒星社厚生閣

はじめて学ぶ海洋学、横瀬久芳、朝倉書店

海洋科学入門、多田邦尚ほか、恒星社厚生閣

海洋学(Invitation to Oceanography)、東京大学大気海洋研究所(ポール.R.ピネ)、東海大学出版会

Essentials of Oceanography, A. P. Trujillo *et al.*, Pearson Prentice Hall

海洋物理学概論、関根義彦、成山堂書店

海洋の物理学、花輪公雄、共立出版

海洋の波と流れの科学、宇野木早苗・久保田雅久、東海大学出版会

地球環境を学ぶための流体力学、九州大学大学院総合理工学府大気海洋環境システム学専攻、成山堂書店

海洋大事典、和達清夫ほか、東京堂出版

水の科学、清田佳美、オーム社

詳論沿岸海洋学、日本海洋学会沿岸海洋研究会、恒星社厚生閣

沿岸海洋学、柳哲雄、恒星社厚生閣

潮目の科学、柳哲雄、恒星社厚生閣

沿岸の海洋物理学、宇野木早苗、東海大学出版会

沿岸の環境圏、平野敏行、フジ・テクノシステム

潮位を測る、合田良実、沿岸開発技術研究センター

水波工学の基礎、増田光一ほか、成山堂書店

波浪学のABC、磯崎一郎、成山堂書店

高潮の研究、宮崎正衛、成山堂書店

波浪の解析と予報、磯崎一郎・鈴木靖、東海大学出版会

生物海洋学入門(Biological Oceanography)、關文威ほか、講談社サイエンティフィック

水圏の生物生産と光合成(Light & photosynthesis in Aquatic Ecosystems)、山本民次
   (J.T.O.カーク)、恒星社厚生閣

瀬戸内海－里海学入門、瀬戸内海環境保全協会

生きてきた瀬戸内海、瀬戸内海環境保全協会

瀬戸内海の気象と海象、海洋気象学会

瀬戸内海の生物資源と環境、岡市友利ほか、恒星社厚生閣

瀬戸内海水路誌、海上保安庁

地球科学入門、内藤玄一ほか、米田出版

図説地球科学、杉村新ほか、岩波書店

ダイナミックな地球、大森聡一ほか、放送大学教育振興会

気象がわかる数式入門、二宮洸三、オーム社

気象予報の物理学、二宮洸三、オーム社

海洋気象学講座、福地章、成山堂書店

一般気象学、小倉義光、東京大学出版会

水環境の気象学、近藤純正、朝倉書店

気象解析学、廣田勇、東京大学出版会

索　　引

著者略歴

林　美鶴(ハヤシ　ミツル)

神戸大学　内海域環境教育研究センター／大学院海事科
学研究科／海洋政策科学部　准教授

出　　　身：京都市
学歴・学位：神戸商船大学　航海科、乗船実習科、大学
　　　　　　院商船学研究科修士課程修了(商船学修士)
　　　　　　九州大学総合理工学府より博士(理学)授与
職　　　歴：日本海洋事業株式会社海技部で、海洋科学
　　　　　　技術センター(現、海洋研究開発機構)の観
　　　　　　測船における海洋・大気観測に従事
　　　　　　神戸商船大学商船学部助手、助教授、大学
　　　　　　統合により、神戸大学内海域環境教育研究
　　　　　　センター助教授
研 究 員 歴：九州大学応用力学研究所、米国フロリダ州
　　　　　　立大学、タイ王国ブラパ大学
委 員 歴：日本海洋学会評議委員、日仏海洋学会評議
　　　　　　員、日本航海学会海洋工学研究会運営委員、
　　　　　　日本学術会議Future Earth Coasts小委員
　　　　　　会委員、環境省有明海・八代海等総合調査
　　　　　　評価委員会委員、国土交通省法人審議会委
　　　　　　員、同省近畿地整大阪湾再生会議委員、兵
　　　　　　庫県公害審査会委員、ほか

かいようがく きょうかしょ
海洋学の教科書
　　　　　　　　　　　　　　　　定価はカバーに表
　　　　　　　　　　　　　　　　示してあります。

2024 年 6 月 28 日　初版発行

著　　者　　林　美鶴
発行者　　小川啓人
印　　刷　　株式会社 丸井工文社
製　　本　　東京美術紙工協業組合

発行所 株式会社 成山堂書店
〒 160-0012　東京都新宿区南元町 4 番 51　成山堂ビル
TEL：03(3357)5861　　FAX：03(3357)5867
URL：https://www.seizando.co.jp
落丁・乱丁本はお取り換えいたしますので、小社営業チーム宛にお送りください。